融合质差异挖掘的
智能故障诊断

Intelligent Fault Diagnosis Based on
Fused Qualitative Difference Mining

◎陈晓玥 著

重庆大学出版社

内容提要

本书详细介绍了有关旋转机械智能故障诊断领域的新进展、发展趋势及主要方法。针对旋转机械轴系故障耦合性越来越强、故障风险增大、故障后果严重等问题，全面系统地介绍了智能故障诊断的信号提取、信号分析、故障识别的基本原理。在此基础上，从轴系信号分析、轴心轨迹分析、故障智能识别3个方面进行深入研究：一是提出了一种基于无失真端点极值化的经验模态分解方法，并将其应用于旋转机械轴系信号的分析和特征提取；二是提出了模仿人眼的轴心轨迹识别方法，它以直观特征为人眼，实现对轴心轨迹形状的宏观准确表征，以智能分类方法为人脑，实现轴心轨迹的智能识别；三是设计了关联特征向量和模糊关联特征向量的特征选择和组织机制，能够充分挖掘每一项特征对故障分类的最大贡献，有效抑制每一项特征对故障分类可能产生的干扰，同时还可以通过无效项放大不同类别之间的差异，提高故障识别的准确率。

本书可供从事机械智能故障及相关专业领域的科研技术人员阅读参考，也可作为该领域高年级本科生和研究生的参考用书。

图书在版编目（CIP）数据

融合质差异挖掘的智能故障诊断/陈晓玥著. --重
庆：重庆大学出版社，2025.1
ISBN 978-7-5689- 4274-4

Ⅰ.①融… Ⅱ.①陈… Ⅲ.①旋转机构—故障诊断
Ⅳ.①TH210.66

中国国家版本馆 CIP 数据核字（2023）第 234171 号

融合质差异挖掘的智能故障诊断
RONGHE ZHI CHAYI WAJUE DE ZHINENG GUZHANG ZHENDUAN
陈晓玥 著

策划编辑：范 琪

责任编辑：姜 凤　　版式设计：范 琪
责任校对：王 倩　　责任印制：张 策

*

重庆大学出版社出版发行
出版人：陈晓阳
社址：重庆市沙坪坝区大学城西路 21 号
邮编：401331
电话：（023）88617190　88617185（中小学）
传真：（023）88617186　88617166
网址：http://www.cqup.com.cn
邮箱：fxk@cqup.com.cn（营销中心）
全国新华书店经销
重庆天旭印务有限责任公司印刷

*

开本：720mm×1020mm　1/16　印张：11.25　字数：162 千
2025 年 1 月第 1 版　　2025 年 1 月第 1 次印刷
ISBN 978-7-5689-4274-4　定价：69.00 元

前　言

科学技术的不断发展和工业现代化水平的不断进步,使旋转机械设备的集成化和智能化程度越来越高,机械结构日趋复杂,以及部件间的耦合性越来越强,这不仅极大地增加了运行故障风险,还放大了故障后果的严重性。因此,实时监控机械运行状态,提取有效状态信息,及时发现异常征兆,并依此判断机械故障类别指导选择应对措施,对保证旋转机械的可靠运行和减少故障损失具有非常重要的意义。

旋转机械较常见和主要的故障是轴系振动故障,轴系运行过程中产生的振动信号携带了很多与轴系状态密切相关的信息,它能够反映轴系的健康状况,因此,轴系振动信号的分析与识别是旋转机械故障诊断的基础和最重要的途径之一。此外,由振动信号合成的轴心轨迹,同样携带了很多轴系振动信息,其几何形态直接反映了轴系的运行状态,因此,轴心轨迹的形状识别是旋转机械故障诊断的另一种重要途径。轴系信号分析方法是通过对轴系振动信号进行处理分析,提取出能够揭示信号与机械运行状态间的固有联系的信息,建立信号与轴系状态之间的映射关系,以实现轴系状态的表征和识别。轴心轨迹形状识别则是将轴系故障诊断问题转化成图像识别问题,通过建立轴心轨迹形状与轴系状态间的映射关系来识别轴系的状态。本书的主要创新性工作包括:

(1)针对旋转机械轴系信号难以表征和识别的问题,深入研究基于经验模态分解的数字信号处理理论体系,并将其应用于轴系信号的特征提取。针对旋转机械轴系故障发生发展的固有特性,提出了一种基于无失真端点极值化的经验模态分解方法,并将其应用于旋转机械轴系信号的分析和特征提取。该方法有效抑制了经验模态分解中的端点效应和端点效应可能导致的信号失真,为轴系信号特征提取准备了一个完备的数据基础,提高了轴系故障表征和识别的准确性。

(2)通过经验模态分解得到的信号特征包含大量的冗余信息,严重影响了旋转机械轴系故障诊断的精度和效率。针对这一问题,深入探讨了传统特征选择方法和分层分类原理,并集二者之所长,抽取分类树的分层特征选择机制,改变常规的特征优选模式,另辟蹊径,设计了一种新的冗余信息滤除方法。该方法以有效性为指导,设计启发式搜索规则,以性能补充为原则向已选特征子集补充当前最有效的特征,具有计算效率高、所选特征子集小、子集区分能力强的特点。该方法还能准确删除严重影响分类器性能的无效冗余信息,实现用简洁稳定的特征表示揭示故障间的固有联系,提高了分类器的分类精度和泛化性能,为旋转机械轴系故障的简洁准确表征提供了有效的特征优选机制。

(3)基于分类树的分层特征选择方法删除冗余信息,实现了特征子集的优化,促进了故障表征的准确性,同时提升了故障诊断的精度和效率。但是,特征子集的优化过程难免会删除一些有效性较小的信息,这对故障诊断的准确性是没有帮助或者是不利的。因此,在深入分析了分层分类过程中特征的组织和利用机制后,本书提出了关联特征向量的概念。关联特征向量模拟人脑分层分类过程中的特征选择和组织机制,能够充分挖掘每一项特征对故障分类的最大贡献,有效抑制每一项特征对故障分类可能产生的干扰,同时还可以通过无效项放大不同类别之间的差异。另外,关联特征向量本身采用分层分类的特征选择和组织机制,适合采用单层分类的简单分类机制,所以关联特征向量同时具备了单层分类精简性和分层分类的有效性。因此,关联特征向量不仅极大地提高了特征向量对故障样本的表征能力,而且还保证了特征提取和后续故障诊断的时效性,是一种全新的旋转机械故障表征方式。

(4)关联特征向量在样本表征上有革新性的优势,但是却不能准确地表征混叠模式。为此,本书在深入分析关联特征向量产生机制和对应特征提取方法的基础上,指出导致该问题的原因是其对边界的"二值"逻辑处理模式。针对这一问题,本书以模糊逻辑取代"二值"逻辑,设计了模糊关联特征向量。模糊关联特征向量采用模糊逻辑模式处理关联特征向量的产生和特征提取中的边界问题,在继承关联特征向量新奇独特结构的基础上,增强了普适性和健壮性,为存在少量混叠模式的故障诊断问题提供了一种简单高效的故障表征方式。

(5)轴心轨迹识别是以图像识别的方式实现故障诊断,用传统的图像表征方法表征轴心轨迹时,普遍存在形状表征不全面、计算过程复杂和特征向量维度高等问题。针对这些问题,本书在深入研究4种最典型的轴心轨迹形状的基础上,提出了轴心轨迹直观特征的概念,分别从结构、区域和边界的角度定义了轴心轨迹的直观特征,并模仿人眼对形状的描述机制设计了相关直观特征的计算方法,以最简单的数学方式定义了轴心轨迹最有效、最直观的特征。在此基础上,本书进一步提出了模仿人眼的轴心轨迹识别方法,它以直观特征为人眼,实现对轴心轨迹形状的宏观准确表征,以智能分类方法为人脑,实现轴心轨迹的智能识别。直观特征为轴心轨迹提供了一种新的优越的表征方式,模仿人眼的轴心轨迹识别方法为轴心轨迹的识别提供了一种简单、精确、高效的新方法。

最后,诚挚地感谢湖北经济学院、南城县机器视觉产业技术研究院和湖北省教育厅青年基金项目(Q20222203),他们为本书的顺利出版提供了多方面的支持和帮助。

由于作者水平有限,书中难免存在疏漏或不足之处,恳请相关专家和读者批评指正。

著　者

2024 年 9 月

目　录

第 1 章　绪　论

1.1 研究背景及意义

机械设备的状态监测和故障诊断是一种通过设备当前状态和历史信息来评价设备健康水平和预测设备状态演变趋势的技术,是一种跨越信息科技、计算机和智能技术等众多高新科技领域的综合性科学技术。随着社会发展和工业生产需求的不断发展,旋转机械体积越来越庞大、智能化和自动化的程度日趋突出、旋转速度要求越来越高、结构日趋复杂,导致部件之间动力学特性表现出强烈的耦合性,以致发生故障的潜在风险逐渐增大;机械在日常生活中的地位不断提升,使得机械故障导致的后果和损失也越来越严重[1]。因此,及时捕捉故障信息并加以识别,对实时监控机械状态、预知机械异常、防止故障发生具有重要意义。苏联切尔诺贝利核电站 1986 年第 4 发电机组的爆炸,直接导致之后十几年内数万人的死亡和数十万人的辐射性疾病,造成了高达 12 亿美元的巨大经济损失,同时对当地环境也产生了无法估量的破坏;同年,美国"挑战者号"航天飞机事故,导致机上所有宇航员遇难,沉重打击和严重阻碍了美国航天事业的发展[2]。1985 年的山西大同电厂、1988 年的秦岭电厂和 1999 年的阜新电厂分别由轴系断裂、主轴断裂和轴系断裂引起事故[1],既造成了巨大的经济损失,也为正常生产带来了严重影响。因此,机械设备的故障诊断越来越受到世界各国的重视,故障诊断技术的发展和应用给英国的工业带来了巨大的好处,每年直接降低的维修费用高达 15 亿英镑,因防止故障发生而挽回的经济损失不可估量[3]。日本的工业生产同样受益于故障诊断技术,大型工厂的维修费用极大地降低了,降低的比率高达 25% ~ 50%,同时,也大大减少了机械事故,其降低的比率高达 75%[4]。由此可见,故障诊断技术的运用,可以极大地促进机械设备的可靠性和安全性,并且取得了显著的经济效益和社会效益。

几乎所有的设备故障诊断技术都是以设备运行中的各种状态信息为研究对象展开的,主要包括信号采集、信号处理、特征提取、特征选择、故障表征和模式识别等关键技术难点。其中,通过信号分析和处理提取的故障征兆是否能有效和准确地表征机械的状态,直接决定着故障诊断结果的可靠性;通过特征选择技术能否有效删除冗余信息,并得到能够揭示研究对象之间固有联系的特征子集,直接关系到故障诊断的准确性和效率;优秀的故障表征方式可以充分挖掘特征对故障的表征能力,从而大大提高故障诊断的可靠性。因此,特征提取、特征选择和故障表征都是故障诊断领域的核心和热点问题。目前,通过机械设备的振动情况进行故障诊断仍然是行之有效的方法,机械的振动信号是机械运行状态信息的直接载体和体现形式,其非线性非平稳特性导致机械的状态信息难以提取和分析[5],因此,探索振动信号处理与分析的新方法、新技术,发展新的特征提取理论和技术也尤为重要。

以转子轴系为主要部分的旋转机械,一般作为大型机械动力系统的核心部件,是机械设备的关键组成部分,应用越来越广泛。因此,旋转机械的可靠性是工业生产安全的直接决定因素,生产实际对旋转机械可靠性的要求也在不断增长。旋转机械故障带来的影响非常大,故障形式也越来越复杂,诊断的难度日趋增大。传统的信号分析方法已经不能满足旋转机械故障诊断的需求,迫切需要研究新的、有效的故障诊断方法[6-7]。随着数字信号处理、数字图像分析、特征选择技术的不断发展,它们已经成为故障诊断研究领域的研究热点[8-10],信号分析处理和轴心轨迹识别是旋转机械轴系故障诊断的两种重要途径。

在上述背景下,本书以旋转机械轴系故障诊断为研究对象,探讨了基于数字信号处理与分析的振动信号分析处理理论体系,并在此基础上建立了相关的旋转机械故障特征提取、特征选择、故障表征和故障诊断的新方法;与此同时,深入研究了轴心轨迹特征提取和识别方法,从特征选择、故障表征和轴心轨迹识别的角度为旋转机械故障诊断提出了新的方法。

1.2　旋转机械振动故障机理与特征分析

转子系统是旋转机械的工作主体,其发生故障的概率大,因此,深入研究转子系统的故障机理与特征对旋转机械故障诊断具有重要意义[2]。一般情况下,转子系统的故障主要包括转子不对中、不平衡、油膜涡动和动静碰磨等故障[2, 11-12]。

1.2.1　转子不对中故障

对大型旋转机械的轴系,其最常见的故障之一就是转子不对中[2, 13-18]。当不对中状况存在时,转子的运动会加强机械振动、加快机械磨损、造成轴扭弯和转定子碰摩,甚至引发事故。在工程实际中,部件生产过程中加工误差和变形、机械安装过程中的误差都会造成转子不对中。最常见的 3 种不对中故障如图1.1 所示。

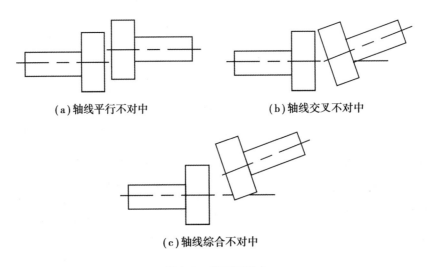

(a)轴线平行不对中　　　　(b)轴线交叉不对中

(c)轴线综合不对中

图 1.1　转子不对中

当转子不对中故障存在时,振动信号中含有转频的二倍频、三倍频等高频振动,二倍频振动是其最主要且明显的特征之一。领域内相关研究表明:二倍频振动与工频振动的幅值之比值可以在一定程度上反映不对中故障的层级,它可以作为判断轴系状态的征兆。当轴系在不对中的状态下运转时,其轴心轨迹图呈现外"8"字形或香蕉形,轴心轨迹的形状与转子系统的健康状况之间也有着必然的联系,因此,轴心轨迹形状也可以作为评估转子健康状态的依据。

1.2.2 转子不平衡故障

旋转机械最常见的另一种故障简称为转子不平衡故障[2,16-21],不平衡故障的起因是质量分布不均匀。在旋转机械转子系统各个部件的生产过程中难免会存在材质不均匀和毛坯缺陷,且加工和装配过程的误差也不可避免,随着机械的使用和磨损,也会产生或者强化各项误差。对于大型旋转机械来说,其转子系统尺寸巨大,微小的缺陷也是不能忽视的,它同样会对质量的分布造成不可小觑的影响。当质量偏心存在时,转子的重心会与旋转机械轴系产生偏心距,引起离心惯性力,迫使旋转机械产生剧烈振动。

转子质量不平衡的故障特征是:转子振动位移的谐波能量集中在基频,振动信号的幅值对机组工作转速的变化比较敏感,当转子的角速度小于临界转速时,振幅随角速度递增;当转子角速度接近临界转速时,振幅具有最大峰值,并且产生共振;当转子角速度超过临界转速时,振幅与角速度成反比增长,振幅最终会无限趋于一个较小的稳定值,不再发生较大变化。当转子系统在不平衡状态下运行时,其轴心轨迹呈椭圆形。

1.2.3 油膜涡动故障

在旋转机械转子的转动过程中,由于油膜力的作用,转子的中心线将偏离轴瓦的中线。当转子存在偏心时,轴颈的旋转会使得带入和带出的油量不等,即带出的油量小于带入的油量,这样多余的油液会迫使转子产生有破坏性的转动,引起涡动。在没有其他作用力参与的情况下,油膜力引起的涡动是稳定的,

即油膜涡动[2,22-24]。实际中,当油膜涡动发生时,油膜涡动频率为转子转速的
0.43~0.48倍。

油膜涡动发生时,振动信号的时域波形、频谱图、轴心轨迹以及二维全息谱
都会产生一定的变化,这些变化即为油膜涡动和油膜振荡的故障特征,也是识
别油膜涡动和油膜振荡的主要依据。油膜涡动发生时,由于工频成分受到低频
成分的叠加破坏,油膜涡动的频谱图中出现频率略低于工频一半的涡动频率成
分,并且涡动频率成分的幅值和工频成分的幅值之比为0.3~0.5;油膜涡动的
轴心轨迹图呈内"8"字形。

1.2.4　动静碰磨故障

当旋转机械机组转子在转动过程中由不对中、不平衡或油膜涡动等导致转
轴中心偏离轴承的几何中心时,就会引起动静件的接触碰撞,即动静碰磨故
障[2,25-29]。动静碰磨是旋转机械的常见故障之一,通常先发生局部碰磨,随着
局部碰磨的不断加剧,致使转子振动过大,以致磨损弯曲,最终中断机械的正常
运转。

动静碰磨故障的特征是:振动频率含有机组工作转频、不平衡力引起的转
速频率、高阶谐波和低阶谐波等丰富的频谱特征。

1.3　旋转机械振动信号分析方法研究现状

随着科学技术的不断发展,旋转机械复杂化、大型化、快速化、智能化、精密
化、自动化程度不断增强,各部分之间相互关联、紧密耦合,影响设备运行的不
确定因素不断增多,且不同的故障诱发因素彼此联系、相互作用。一方面,当一
种振源引起机械振动时,机械正常健康稳定的运行状态被破坏,同时,此时机械
不稳定的运行又可能激发其他振源,迫使机械产生复杂的耦合振动。旋转机械

各个振源之间错综复杂的耦合关系给故障诊断带来了极大的困难。另一方面，机械设备的复杂性和各部件之间的紧密耦合性,致使故障原因和故障征兆也呈现出难以描述的复杂性和耦合性,故障成因与征兆之间错综复杂的相互耦合关系,给故障的描述和表征带来了极大的困难,直接增加了故障特征提取的难度和复杂度。因此,如何提取能够揭示故障状态与故障成因之间的固有联系、能够准确反映机械状态且具有高可分性的故障信息,也是故障诊断领域备受关注的一个热点问题。随着多种高新科学技术的迅速发展和综合应用,各种故障征兆和故障征兆提取方法不断被提出并应用于故障诊断,对故障特征提取及故障诊断进行了有效的扩展和补充。从故障征兆类型来看,现有特征提取方法主要包括时域特征提取、频域特征提取、时频特征提取和图元信息特征提取等。

1.3.1　时域特征提取

时域分析方法主要是对采集信号的原始时域数据进行分析,从各参量随时间的变化趋势中提取特征信息,捕获故障征兆。时域信号作为监测系统所获得的原始信号,没有经过任何处理步骤,因此避免了信号处理技术带来的信息损失和信号污染,其中,包括最为丰富、最为真实、最为准确的特征信息,时域分析方法能够较为直观地获取轴系特征。统计分析和相关分析是最为常见的时域信号分析方法。

统计分析的主要思想是对时域信号随时间的变化规律进行的数学统计,并将获得统计指标作为信号特征。万书亭[30]、陈珊珊[31]等将信号时域分析方法应用于机械故障诊断,提取信号的峭度、峰值因子、有效值趋势曲线、波形有效值、加速度峰值等时域参数作为故障特征,分别应用于滚动轴承故障诊断、机械典型故障诊断和水泵故障诊断,讨论了时域分析方法的有效性,取得了较好的诊断效果。杨小森[32]和 Zhang[33]将信号的统计特征应用到结构损伤识别中,证明了信号的统计分析方法可以降低识别过程中的不确定性。在机械故障特征提取中,统计特征分析方法简便、直观,具有很大的实时优势。但是,机械设备自身结构、运行环境及故障成因都非常复杂,原始时域信号受到的噪声污染严重,且不同特征对故障的敏感度存在较大的差异,因此,基于时域分析方法的统计特征具有可靠性不足和稳定性欠缺等不可避免的缺陷。此外,没有统一的标准来指导特征选择,使得特征选择的过程繁杂且费时,大大增加了故障诊断的复杂性。因此,时域统计分析通常与其他分析方法相结合,共同完成故障信号的特征提取[34]。

作为时域特征提取的另一类重要方法,相关分析法主要包括自相关分析法和互相关分析法。其中,自相关分析法注重信号自身的规律性,通过自身的周期性特征来描述故障,它不仅能高效捕获信号自身的规律性特征,还有一定的屏蔽干扰能力,因此,自相关分析法主要应用于故障信号微弱的早期故障诊断和环境噪声强的复杂故障诊断。互相关分析法注重信号间的关系,运用信号的变化趋势信息作为故障特征,实现故障状态的描述。安学利[35]和 Nienhaus[36]应用相关参数作为故障特征,分别实现了水电机组和风电机组的故障诊断,证明了相关分析法在故障诊断中的有效性。相关分析法最大的优势就是能够有效地反映故障的类别,但是,应用相关参数描述机械故障时,存在不可避免的模式混叠问题,而模式混叠问题严重影响了故障识别的有效性和可靠性。因此,相关分析法常常只被用作辅助分析手段。

1.3.2 频域特征提取

时域统计特征指标只能反映机械设备总体运转状态是否正常,因而,在机械设备故障诊断系统中,时域分析方法一般只用于故障监测、趋势预报和辅助诊断。要想知道故障的部位和类型,就必须对机械信号做更进一步的精密分析,在这方面,频域分析方法是最重要且常用的分析方法之一。

傅里叶变换(Fourier Transform)是所有频域分析方法的基础,自从被提出来就广泛应用于各种信号处理问题中,在旋转机械故障诊断领域,傅里叶变换也一直都是最主要的信号分析方法。傅里叶变换从根本上改变了人们观察信号的角度,将时间域无法体现的信号频域特征展示出来,从而使人们可以更清楚地观察到信号中所包含的多种频率成分和各项波形的特征参数,例如,哪些是机械运行状态的振动成分、哪个占主导作用、谁与过去相比有较大的幅值变化等,这些状态信息都是故障诊断的基础。

基于傅里叶变换的频域分析方法主要包括阶比谱分析、倒频谱分析、全息谱分析、频谱分析等。阶比谱能够直接准确地反映出机械振动信号中各特征频率所对应的振动强度,在旋转机械故障诊断中发挥着至关重要的作用,因此,阶比谱是信号特征分析研究的热点,受到诸多学者的青睐,被广泛作为故障征兆分析和特征提取方法应用在故障诊断研究和大部分故障诊断系统中[37-39];倒频谱是对频谱分析结果进行二次快速傅里叶变换得到的谱图,倒频谱擅长检测和分离周期成分,可以准确鲜明地提取能产生特殊周期信号的故障特征,因此,倒频谱也是一种重要的故障特征提取方式[40];全息谱旨在将多种频谱信息进行融合,尽可能全面地集成有效故障信息[41]。

以傅里叶变换为基础的频域分析方法都是将目标信号视为平稳信号,并在此基础上进行处理分析[42]。因此,对非线性和非平稳性日趋明显的旋转机械振动信号,基于傅里叶变换的频域分析方法已经不能满足其可靠性和有效性的要求。

1.3.3 时频特征提取

在工程实际中,机械故障都存在振动信号非平稳、成因复杂、多故障并发、故障征兆微弱等特点,这些特点使得故障信息的提取、分析和处理都相当困难。时域分析方法和频域分析方法都是基于平稳性假设的,它们都只能描述信号局部特征或者全局特征,无法同时兼顾两者进行全面的信息提取,这对工程实际中的非平稳故障的特征提取不再适用,因此,鉴于工程实际的需求,非平稳信号处理方法在故障诊断领域备受重视。

基于非平稳信号分析的特征提取,一般都是结合平稳信号处理方法和非平稳信号处理方法的优点,以非平稳处理方法分解待分析信号,得到本征模函数,以平稳信号处理方法分析本征模函数,提取相应的重要特征,进而描绘出信号不同频带成分的时间演化规律,并从中提取出非平稳信号的时频特征,从而提高故障诊断的准确率。迄今为止,人们已经提出了多种非平稳信号特征提取的信号处理方法,并且成功应用于旋转机械的振动故障识别中,其中最具代表性的方法[43]有短时傅里叶变换、二次型时频分布、循环平稳信号分析、小波变换和经验模态分解。

(1)短时傅里叶变换

在足够短的时间段内,任何信号都是平稳的,这是短时傅里叶变换(Short-time Fourier Transform,STFT)依赖的理论假设。基于这种假设,STFT 首先将待分析非平稳信号截断成多个足够短的信号,并假定这些短信号都是平稳信号,并允许短信号存在交叉现象,短信号的长度称为窗长;对截断得到的短信号,通过傅里叶变换得到其频谱;将这些频谱按时间先后排列,就可以得到待分解信号的全面的时频特征。STFT 既擅长于展示信号的局部特征,又可以同时兼顾时域特征和频域特征,促使时频分析从理论研究发展到实用阶段[43],在机械故障诊断领域得到一定的应用。

刘文彬[44]利用短时傅里叶变换完成了油膜涡动和振荡故障的有效识别;Banerjee 等人[45]利用短时傅里叶变和支持向量机实现了高速电动机的故障表征、识别和诊断;胡振邦[46]将小波降噪与短时傅里叶变换相结合,完成了主轴运行过程中突加不平衡的非平稳信号的特征提取;乌建中[47]将短时傅里叶变换应用于风机叶片裂纹检测中,为叶片裂纹检测提供了一种有效的方法;金阳[48]提出了以连续时间域中窗宽为输入生成 Gauss 窗函数的思想,构建了 Gauss 窗 STFT,并成功应用 Gauss 窗 STFT 分析了内燃机振动,以此验证了 Gauss 窗 STFT 在振动分析中的适应性。

在 STFT 的结果中,待分解信号频域特征按时间排列,可以近似反映信号成分的变化规律。但在 STFT 的变换过程中,窗函数的类型和长度一旦被选定了就不再变化,因此,其时间分辨率与频率分辨率在时频面内所有局部区域均是相同的,这就是 STFT 的固定时频分辨率的局限性。另外,STFT 在实际应用中存在最佳窗长选择的难点。窗长决定了时间分辨率和频率分辨率,时间分辨率与窗长成反比,频率分辨率与窗长成正比。因此,对特定的待分析信号,合适的分解窗长是很难确定的,这些都严重限制了 STFT 在工程实际中的应用。

(2)二次型时频分布

二次型分布(Wigner-Ville Distribution,WVD)主要是从能量的角度入手,运用时域与频域的联合函数对目标信号能量密度的时频演化规律进行全面表征,是非平稳信号分析的常用手段之一[49]。

Staszewski 等人[50]应用 WVD 分析齿轮箱故障振动非平稳信号,成功地实现了齿轮箱故障诊断;Baydar 等人[51]则运用 WVD 同时分析齿轮故障中的振动信号和噪声信号,探索了征兆与故障间的复杂关系;Hou 等人[52]利用 WVD 和支持向量机完成了齿轮箱的两种故障的有效识别;Climente-Alarcon 等人[53]运用 WVD 追踪分析了异步电动机转子故障的高次谐波,并通过仿真与实际试验验证了 WVD 对各种故障的表征与量化能力;Zhou 等人[54]将基于循环谱密度的WVD 应用于滚动轴承故障诊断,并结合仿真与实验结果分析了该方法的工程实用价值。

基于双线性变换的二次型分布,虽然在分辨率上具有其他信号时频分析方法不可企及的优势,但是不适用于分析多分量信号。对多分量信号,交叉干扰项的存在会导致信号的时频特征难以分辨,严重影响了 WVD 对有效信号的表征能力。因此,当将二次型时频分布用于振动信号分析时,如何有效消除 WVD中的交叉干扰项,准确捕捉有效信号的 WVD 非常重要。然而,目前尚未发现能够在不影响 WVD 自身分析性能的前提下完全消除交叉项干扰的方法。此外,交叉项虽无明确物理含义,但携带了一些重要的信号特征,设计合理的方法提取交叉干扰项中的有效特征也是改进 WVD 的重要途径[55]。

（3）循环平稳信号分析

循环平稳信号虽然在足够短的时间段内是平稳的，但是相邻的信号段则表现出不同的平稳状态，这些平稳状态的变化体现出一定的周期性。在故障诊断领域，很多故障信号可以归为循环平稳信号，因此，很多该领域的学者都试图深入研究循环平稳信号分析方法，并将其应用在相应的故障诊断中。在齿轮的故障诊断中，Bouillaut 等人[56]设计开发了二阶循环平稳信号分析方法，提取了齿轮故障信号的关键信息，实现了故障的准确描述，有效完成了齿轮故障的诊断；在滚动轴承的故障诊断中，二阶循环平稳信号分析方法也得到了广泛应用[57-62]，取得了不错的成绩；此外，还有一些学者将旋转机械按照循环平稳信号分析理论进行分类，并结合其他信号处理方法，建立了相应的模型[62-65]。

目前，在故障诊断领域，循环平稳信号分析方法还存在很多需要完善的缺陷，例如，如何改进算法以减少计算量，提高分析速度；在非高斯非平稳噪声环境下如何提高循环平稳解调分析方法的鲁棒性等。

（4）小波变换

小波变换是近年来兴起并得到迅速发展的非平稳信号处理技术，是非平稳信号分析方法的重大突破。小波变换吸取了傅里叶变换的三角基函数与短时傅里叶变换的时移窗函数的特点，形成了不胜枚举的振荡而又衰减的基函数。它不仅克服了其他时频信号分析方法的缺陷，而且自适应强，理论基础完善。因此，小波变换是应用得较为广泛的非平稳信号分析方法，被广泛应用在图像处理、量子力学、地球物理学、语音识别、故障诊断等领域。

小波变换克服了二次型分布和循环平稳信号分析方法的固有缺陷，在非平稳信号分析中具有众多优势，因此，在非平稳信号分析领域，小波变换备受青睐。近年来，小波变换被广泛应用于旋转机械故障分析和诊断中[66-70]，取得了丰硕的成果。同样，在水力发电机组振动故障诊断、空化空蚀分析和监测数据分析中[71-74]，小波变换也取得了非常好的应用效果；程宝清等人[75]综合运用小波变换与灰色预测理论,利用小波分解捕获振动信号各频段分量的能量,进而建立故障预测模型;何正嘉等人[76]总结了小波技术的理论研究及其在旋转机械、往复机械、齿轮、轴承、疲劳损伤等方面取得的成就与进展;Peng 等人[77]总结了小波分析理论在特征提取和故障诊断领域的应用现状,重点介绍了小波变换在微弱信号消噪提取、非平稳故障特征提取、故障信号视频分析、振动信号压缩、系统参数辨识等方面的应用。

虽然小波分析中能够根据具体研究对象的特性而选择适合的小波基函数,使其能够满足于各种不同领域信号分析的需求,被广泛应用于故障诊断领域。但是随着小波变换在故障诊断领域的深入应用,其在故障诊断领域中存在的局限性也日益突出,例如,频率折叠、信号失真、误差积累、故障特征提取难度大和效果不理想等。这些缺陷都在一定程度上影响了小波分析在机械故障诊断中的应用效果。

(5)经验模态分解

经验模态分解(Empirical Mode Decomposition,EMD)是近年来发展最迅速、应用最广泛的信号分析方法。EMD 能够自动将待分析信号中不同频率的成分抽取出来,既能很好地分解分析平稳信号,也能自适应地处理非平稳信号。因此,自从其诞生以来,经验模态分解就受到了各领域学者的高度重视,被广泛应用于多种学科领域。

目前,在故障诊断领域,经验模态分解也是最受青睐的特征分析和提取手段。钟佑明等人[78]应用 EMD 分析了磨床主轴振动信号;于德介等人[79]将 EMD 应用于齿轮和轴承的故障诊断;马孝江团队[80-81]也研究了 EMD 在故障诊断领域的应用;此外,Liu,Xiong,Dybala[82-84]分别将 EMD 应用于齿轮箱、旋转机械和滚动轴承的故障诊断中,有效地证明了 EMD 的工程应用价值;Tsao,Li,Tang,Du,Wu[85-89]等人将 EMD 与其他特征提取方法相结合,有效加强了特征提取的效果,为故障诊断提供了更加准确的特征表示,取得了很好的诊断效果,进一步开发了 EMD 的工程应用价值。

由于经验模态分解方法应用和研究的时间还很短,有关它的理论研究和实际应用还存在很多需要解决的问题。这些缺陷主要包括包络线和均值曲线拟合问题、零均值问题、端点效应问题、内膜函数筛选标准问题和模态混叠问题,它们会导致经 EMD 分解得到的内模函数缺乏物理含义,严重制约了 EMD 特征提取的效果。目前,改善端点效应的方法主要是信号延拓,人们已提出了一些信号拓方法[90-93],它只能从结果上尽量避免端点效应的破坏,不能阻止端点效应的产生;Wu 和 Huang 提出的集成经验模态分解[94]方法,对模态混叠现象取得了较好的抑制效果。总之,EMD 是一种非常优秀的故障特征提取方法,在故障诊断领域取得了一系列的成果,但是其理论基础的缺乏和自身存在的多种缺陷制约了 EMD 的进一步推广。

1.3.4　图元信息特征提取

对旋转机械故障诊断,除采用以信号分析处理为基础的实现方法外,图元信息是另一种常用的反映机械运行状态、为故障诊断提供依据的有效途径。所谓图元信息,主要是指由机械监测信号通过简单组合所形成的各种图像,例如,轴心轨迹图、平均轴心位置图、极坐标图、伯德图、APHT 图等,这些图像通过其形状、位置等特征,直观、形象地反映出机械当前的状态信息,也是旋转机械故障识别与诊断的重要途径之一。

在传统故障诊断中,这些图元信息只是提供给现场专家的一种机械状态显示形式,只能显示当时机械信号所形成的图元信息,而不能根据图元信息自主判断机械的损坏状况,机械状况的判断和诊断必须由现场专家完成。随着科学技术和工业化生产的进步,机械设备自动化要求逐渐提高,这种需要人工参与的诊断方式显然无法适应故障诊断的发展需求。针对这种问题,学者们提出运用数字图像处理方法来识别机械图元征兆的思想,随之进行了大量的研究,这些研究多集中在轴心轨迹的特征提取与自动识别。

由振动信号合成的轴心轨迹,携带了很多轴系振动信息,因此,轴心轨迹的识别是一种重要的旋转机械故障诊断途径[95-96]。由于轴心轨迹与故障之间存在明确的对应关系,以及轴心轨迹本身具有的直观性,基于轴心轨迹识别的故障诊断方法备受关注[97]。特征提取是轴心轨迹图像识别的一个关键环节,所提取的特征将直接影响轴心轨迹识别和故障诊断的可靠性[98]。传统的图像特征提取方法主要包括区域特征提取和边界特征提取。区域特征提取方法有快速傅里叶变换(Fast Fourier Transform,FFT)[99-100]、小波变换(Wavelet Transform,WT)[101]和脉冲耦合神经网络(Pulse Coupled Neural Network,PCNN)[102],其中,FFT能够展现信号的时频域特征,却不能描述信号的瞬时突变和图像的边缘[98];WT克服了FFT的上述弱点,可以处理短期低能瞬时信号和图像的边缘,但是浮点操作制约了它的实时性[98];PCNN非常适用于实时处理,然而其参数设置的困难一直没能克服。边界特征提取方法包括傅里叶描述子(Fourier Descriptor,FD)[103]、链码[97]和不变矩[104],尽管FD可以巧妙地将二维信息转换成一维信息,但是它对边界的起点和图像的变换非常敏感,而链码的不稳定性导致链码不能独立准确地描述轴心轨迹形状[97],不变矩方法必要的去噪处理通常造成故障信息的丢失[105]。

随着信息技术的迅速发展,信号分析处理技术和数字图像处理技术也在不断发展,这些都给旋转机械多元征兆提取提供了有力的基础。因此,具有优异复杂非平稳信号处理能力的时频分析技术逐步发展成为振动故障分析最主要的手段,图元信息分析技术也将成为旋转机械故障分析的有力辅助手段。然而,这些技术在旋转机械故障诊断的应用中仍然存在诸多问题,如模态混叠现象、图像特征表征能力不足、特征维数过高等。因此,本书深入探索了不同类型征兆提取方法中制约其特征有效性的本质原因,并提出了相应的改进方案,完成了多元征兆的有效捕获,为旋转机械全面故障识别与诊断提供了有力的数据支撑。

1.4 故障特征选择技术研究现状

在旋转机械故障诊断中,故障的表征和识别是至关重要的一道程序,故障的表征是否全面准确直接影响着分类器的分类精度和泛化性能。特征选择是删除严重影响分类器性能的无效冗余信息的有效途径，能够实现用简洁稳定的特征表示解释对象间的固有联系，是优化故障表征的有效手段。因此，在旋转机械故障诊断中，特征选择技术也一直是另一个研究热点和难点。

由于特征选择技术在模式识别领域的重要性，很多学者对此作出了大量研究，这些研究主要集中在特征选择技术的搜索策略和评价准则上[106-107]。目前，特征选择技术的搜索策略主要包括全局搜索[108]、随机搜索[109]、启发式搜索[110]三大类，其中，全局搜索可以保证找到最优子集，但是存在优化特征子集数目难以确定、可分性判据难以设计和运算效率低等缺陷[106-107]；随机搜索经常与一些智能算法相结合，是一种智能搜索策略，只是这类搜索算法，运算复杂，时间消耗大，不确定性高，参数选择对结果影响大且难以设置[106-107]；启发式搜索的特征选择效果依赖于启发式规则，当启发式规则设计合理时，启发式搜索可以迅速得到优秀的特征子集，启发式搜索最大的优势就是搜索效率高，但是它以牺牲全局最优为代价[106-107]，容易陷入局部最优。特征选择技术的评价准则可分为过滤式评价和封装式评价[106-107]。其中，过滤式评价准则[111]没有办法保证找到的特征子集是最优特征子集，只能找到一个近似最优特征子集，其优点是计算快、效率高；封装式评价准则[112]需要不停地训练才能保证找到最优特征子集，这直接限制和降低了算法的实时性，但是，这种方法可以找到一个规模较小的优化特征子集。

根据目前的研究现状，启发式搜索策略和封装式评价准则相结合的特征选择算法的效果较好[113]，这也是当前特征选择领域的研究热点[106-107]。但是如何根据实际工程问题，设定适用的启发式搜索规则和封装式评价模式仍是一个难点。本书从旋转机械本身的故障特征出发，充分研究各项搜索策略和评价准则的固有特性，为旋转机械轴系故障量身定做了一套基于分类树的启发式搜索策略，将过滤式评价准则蕴含在搜索策略中，保证运算效率，将封装式评价准则蕴含在特征补充机制中，保证特征选择的效果，这为旋转机械故障诊断的故障表征提供了表征效果和运算效率的双重保证，给故障诊断提供了有力的基础。

1.5 旋转机械故障识别方法研究进展

旋转机械故障诊断最后一个重要环节是故障识别,即通过模式识别方法,根据故障特征判断故障的类型,这个环节在整个故障诊断过程中至关重要,因此,故障识别也一直都是机械故障诊断领域的研究热点之一。目前,在旋转机械故障诊断领域的工程实际中,仍是以基于专家知识和个人经验的诊断方法为主,主要包括专家系统[114-115]、故障树[116-120]等。这类诊断方法针对性强、推理过程简单,但是却过于依赖专家知识,知识库的建立、维护和更新都需要专家参与,属于半自主型的诊断方法;此外,此类方法只适应于知识所涵盖的故障类型,对未知的故障类型不能进行有效的判断。因此,一方面,基于专家知识的故障诊断方法无法满足当前自动诊断发展的需求。另一方面,随着机械结构日趋复杂,故障之间的关系也越来越复杂,对日新月异的故障关系,固定的专家经验也不再能够有效区分故障了。

机器学习方法主要是运用计算机模系统模拟人类学习活动,通过知识的学习来改善系统的工作能力[121]。随着机器学习方法的不断发展和成功应用,机器学习已经成为模式识别最主要的手段之一。在故障诊断中,机器学习就是通过对已知的故障样本进行分析,从中积累故障与征兆之间复杂对应关系的相关知识,根据这些知识建立合理的故障分类模型,将未知状态的机械特征数据输入此模型,此模型就能智能地判断出机械的状态。当供学习的样本都具有完整的故障类型和特征信息时,学习方法可以根据已知样本的类型和特征信息得到故障类型和故障征兆之间清晰的对应关系,从而建立故障识别模型,这类机器学习方法为监督学习方法,主要包括神经网络[121-126]、贝叶斯网络[127-130]、支持向量机[131-135]。无监督学习方法不需要样本标签,直接从样本特征中获取信息,并据此建立模式识别模型,其中,聚类算法最具代表性,在故障诊断中得到广泛应用[136-139]。随着机械复杂程度的不断提高,故障之间的关系也越来越复杂,而机械故障诊断的自动化需求也在不断提高,仅仅依靠单一机器学习技术,已很难满足机组故障诊断可靠性的要求。因此,将不同的智能诊断方法进行融合,博采众家之长,形成适应性更强、泛化能力更高的故障识别方法,对故障诊断研究有着重要意义。

1.6　主要研究内容与结构

本书在系统研究数字信号处理和模式识别基础理论的基础上,以旋转机械转子系统为研究对象,从轴系信号分析和轴心轨迹识别两个方面对旋转机械轴系故障诊断方法进行深入研究,本书的结构框架如图 1.2 所示。其主要内容如下:

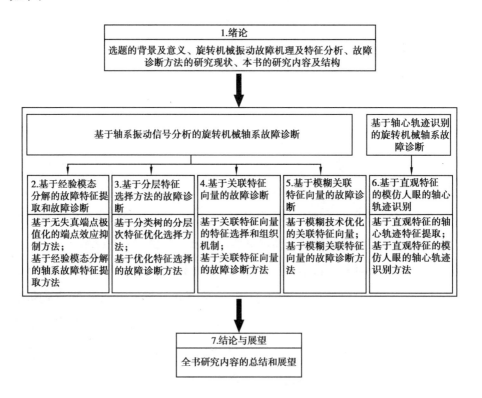

图 1.2　本书的结构框架

第1章：绪论。首先阐述本书的研究的背景及意义,在对旋转机械振动故障机理及特征进行分析的基础上,综述了旋转机械振动信号分析方法的研究进展,对基于信号处理分析的旋转机械故障诊断技术的发展概况进行介绍。其次阐述轴心轨迹特征提取的发展现状,进一步介绍了基于轴心轨迹自动识别的故障诊断的研究进展。最后介绍了本书的主要研究内容及各章节安排。

第2章：基于无失真端点极值化经验模态分解的故障特征提取。针对旋转机械轴系信号难以表征和识别的问题,本书深入研究了基于经验模态分解的数字信号处理理论体系,将其应用于轴系信号的特征提取。针对旋转机械轴系故障发生发展的固有特性,提出了一种基于无失真端点极值化的端点效应抑制方法,并将其应用于旋转机械轴系信号的分析和特征提取。该方法有效抑制了经验模态分解中的端点效应和端点效应可能导致的信号失真,可以为轴系信号特征提取准备一个完备的数据基础,提高了轴系故障表征和识别的准确性。

第3章：基于分类树的分层特征选择方法。通过经验模态分解得到的信号特征中包含了大量的冗余信息,这严重影响了旋转机械轴系故障诊断的精度和效率。针对该问题,本书深入探讨了传统特征选择技术和分层分类机制,模仿其冗余信息剔除机制,从一个全新的角度看待特征优选问题,开创一种新的特征向量降维模式。这种方法以有效性评价特征,并依此设计相关的启发式规则,以性能补充为原则向已选特征子集补充当前最有效的特征,具有计算效率高、所选特征子集小、子集区分能力强等特点。它能够有效删除严重影响分类器性能的无效冗余信息,实现用简洁稳定的特征表示揭示故障之间的固有联系,提高分类器的分类精度和泛化性能,为旋转机械轴系故障的简洁准确表征提供了简洁适用的特征优选机制。

第4章：基于关联特征向量的故障诊断方法。基于分类树的分层特征选择方法删除了冗余信息,提高了特征子集的简洁性和有效性,增强了故障诊断的实时性。然而,特征子集的优化过程难免会删除一些有效性较小的信息,这对故障诊断的准确性没有帮助或者不利。本书进一步凝练人脑分层分类过程中的特征组织和使用机制,提出了关联特征向量的概念。关联特征向量模拟人脑分层分类过程中的特征选择和组织机制,能够充分挖掘每一项特征对故障分类的最大贡献,合理抑制每一项特征对故障分类可能产生的干扰,同时还可以通过无效项放大不同类别之间的差异。另外,因为关联特征向量本身采用分层分类的特征选择和组织机制,却适合于采用单层分类的简单分类机制,所以关联特征向量同时具备了单层分类精简性和分层分类高效性。因此,关联特征向量不仅可以提高特征向量对故障样本的表征能力,还可以提高特征提取和后续故障诊断的时效性,是一种非常有效的故障表征方式。

第5章:基于模糊关联特征向量的故障诊断方法。关联特征向量虽然在样本表征上有革新性优势,但是却不能准确地表征混叠模式。针对这个问题,本书在深入分析关联特征向量产生机制和对应特征提取方法的基础上,指出导致这个问题的原因是其对边界的"二值"逻辑处理模式,并以模糊逻辑取代"二值"逻辑,设计了模糊关联特征向量。模糊关联特征向量采用模糊逻辑模式处理关联特征向量产生和特征提取中的边界问题,在继承关联特征向量新奇独特结构的基础上,增强了普适性和健壮性,为存在少量混叠模式的故障诊断问题提供了一种简单高效的故障表征方式。

第6章:轴心轨迹的直观特征及模仿人眼的轴心轨迹识别。轴心轨迹识别以图像识别的方式实现故障诊断,用传统的图像表征方法表征轴心轨迹时,普遍存在形状表征不全面、计算过程太复杂和特征向量维度过高等问题。针对这些问题,本书在深入研究4种最典型的轴心轨迹形状的基础上,提出了轴心轨迹直观特征的概念,分别从结构、区域和边界的角度定义了轴心轨迹的直观特征,并模仿人眼对形状的描述机制设计了相关直观特征的计算方法,实现了轴心轨迹的直观有效表征。进一步提出了模仿人眼的轴心轨迹识别方法,它以直观特征为人眼,实现对轴心轨迹形状的宏观准确表征,以智能分类方法为人脑,实现轴心轨迹的智能识别。直观特征为轴心轨迹提供了一种全新的表征方式,模仿人眼的轴心轨迹识别方法为轴心轨迹的识别提供了一种简单、精确、高效的新方法。

　　第 7 章:结论与展望。归纳总结本书的研究成果和创新,在此基础上,指出现有研究还未完成的部分,为下一步的研究工作做好规划。

第 2 章　基于无失真端点极值化经验模态分解的故障特征提取

2.1　引　言

就旋转机械故障诊断而言,故障特征提取是影响诊断结果的一个至关重要的环节。虽然提取旋转机械故障特征最常用的方法是傅里叶变换,但是运用傅里叶变换分析故障信号的前提是假设故障信号是平稳信号,且傅里叶变换结果只保留了原始信号的频域信息,丢失了时域信息,可能导致故障信息的丢失。然而,在工程实际中,获得的机械故障信号基本上都不是平稳信号,这些信号中蕴含着丰富的故障信息。傅里叶变换本质上的缺陷,导致基于傅里叶变换的信号分析方法在分析非平稳非线性的旋转机械故障信号时,无法同时得到故障信号在时域和频域中的全貌和局部化信息,严重降低了所提取的故障特征的有效性,从而影响故障诊断的准确性。因此,只有采用时频分析方法,才能较好地保留非平稳非线性的旋转机械故障信号的时域和频域信息,实现故障信号多元故障征兆提取,增强所提取的故障特征的有效性。

经验模态分解(Empirical Mode Decomposition,EMD)是近年来时频分析领域最受青睐的新方法之一,由于其自适应特性与其在非平稳信号分析中的优势被广泛应用于故障特征提取领域。但是,由于 EMD 的理论基础还不够完备,其应用还存在端点效应和模态混叠等问题。样条插值中的端点效应由外向内逐步破坏分解得到的信号,极大地降低了从分解信号中提取的故障特征的有效性,严重影响了故障诊断结果。本章重点研究如何抑制 EMD 分解中样条插值的端点效应,从旋转机械轴系故障的具体特征出发,提出一种无失真端点极值化的端点效应抑制方法,深入分析端点效应产生的原因,限制端点效应产生的条件,从根本上抑制端点效应,且保证了原始信号零失真,从而最大限度地减弱了端点效应的影响,为后续特征提取和故障诊断提供了保障性的数据基础。

2.2 经验模态分解基本原理

在介绍 EMD 基本原理前,有必要讲述有关的基本概念:瞬时频率和本征模函数。

2.2.1 瞬时频率

在信号分析研究领域,瞬时频率的概念一直未能被大家接受,很多学者为了解决瞬时频率的争议问题进行了大量的研究[140],经过不断地探索,得出了一个基本公认的结论:如果一个函数的瞬时频率有意义,那么它必须是对称的,它的局部均值一定是 0[141]。

Huang[142]定义了本征模函数(Intrinsic Mode Function,IMF),本征模函数是一种任意一点瞬时频率都有意义的函数,这是本征模函数的局部特性决定的。因此,如果能将信号分解成多个本征模函数,那么就可以得到各个本征模函数任意一点的瞬时频率。基于这种思想,就产生了经验模态分解方法。

2.2.2 本征模函数

前人研究表明,瞬时频率有意义的函数必定满足以下两个条件:

①对称性。

②局部均值为 0。

假设一个本征模函数有 m 个极值点和 n 个过零点,其包络均值函数为 $b(x)$,按照 Huang 对本征模函数的定义,$m,n,b(x)$ 必须满足以下条件[142]:

①m 与 n 的差的绝对值小于等于 1。

②$b(x)$ 在任意点的值为 0。

很显然,本征模函数不仅满足窄带要求,而且能够防止瞬时频率不必要的波动。

2.2.3　EMD 的基本原理和算法

经验模态分解是一种新型的时频分析方法,其核心思想为根据目标信号的局部极值特征,将信号中所包含的不同频率范围的分量自适应地分解到一系列时频尺度各异的本征模态函数中。信号通过 EMD 分解所得的本征模态函数集理论上应分别代表目标信号对应于各个频段的时域分量,能够反映出信号在不同频率尺度上的基本振荡模式,蕴含着丰富的时频特征信息。

EMD 分解原始信号获取 IMF 的过程称为"筛选"过程[142],主要是通过搜寻信号的局部极值信息,将信号中含有的有效基本振荡模式逐次从原始信号中分离出来。对目标信号 $x(t)$,首先搜索出其全部局部极值点,采用 3 次样条曲线法分别对局部极大值和局部极小值序列进行拟合,得到目标信号的上包络 $u_1(t)$ 和下包络 $l_1(t)$。显然,信号上全部数据均被两条包络线包含在内。定义上、下包络的均值为 $m_1(t) = [u_1(t) + l_1(t)]/2$,则理想情况下,将 $m_1(t)$ 从信号 $x(t)$ 中剔除后,即可得到原始信号的一个本征模态函数 $h_1(t)$:

$$h_1(t) = x(t) - m_1(t) \tag{2.1}$$

而在工程应用中,实际信号常具有明显的非线性、非平稳性等特点,这使得由局部极值推算而出的包络均值与信号本身的局部均值可能存在偏差,进而导致非对称信号分量并不能从信号中有效去除。另外,由于受到拟合算法限制,在通过极值点拟合上、下包络的过程中可能会改变信号本身极值点的位置和大小,甚至会产生新的极值点。因此,所得 $h_1(t)$ 并不一定满足 IMF 条件。为此,EMD 中采用重复"筛选"的方法,即不断重复式(2.1)的"筛选"过程:

$$h_{11}(t) = h_1(t) - m_{11}(t) \tag{2.2}$$

式中　$h_1(t)$ ——第一次"筛选"后得到的震荡模式;

　　　$m_{11}(t)$ —— $h_1(t)$ 的包络均值;

　　　$h_{11}(t)$ ——第二次"筛选"后得到的震荡模式。

重复上述步骤,直到得到满足本征模函数要求的振荡模式,即可得到原始信号的第一个 IMF 分量 $c_1(t)$:

$$c_1(t) = h_{1k}(t) = h_{1(k-1)}(t) - m_{1k}(t) \tag{2.3}$$

相应地,原始信号即为第一个本征模态分量和余量 $r_1(t)$ 的和:

$$x(t) = c_1(t) + r_1(t) \tag{2.4}$$

显然,第一次分解后的余量 $r_1(t)$ 中很可能还含有多种不同时频尺度的振动模式分量,大量信号特征信息混叠隐藏其中,仍需进行进一步分离。因此,将前一次的分解余量 $r_1(t)$ 作为目标信号,仿照第一次分解步骤,可以继续对信号进行分解,依次获得其他 IMF 分量:

$$\begin{cases} r_1(t) - c_2(t) = r_2(t) \\ r_2(t) - c_3(t) = r_3(t) \\ \quad\quad\quad \vdots \\ r_{n-1}(t) - c_n(t) = r_n(t) \end{cases} \tag{2.5}$$

如果余量函数 $r_n(t)$ 是单调的或者其值已经足够小了,经验模态分解结束,原始信号 $x(t)$ 已被完全分解,并得到最终的 IMFs 集合:

$$x(t) = \sum_{i=1}^{n} c_i(t) + r_n(t) \tag{2.6}$$

式中　n——分解所得全部 IMF 分量的数量;

　　　$c_i(t)$——第 i 个 IMF 分量;

　　　$r_n(t)$——剩余分量。

通过 EMD 能够实现信号不同尺度振动模式的分离,在一定程度上识别信号。然而,在一般的工程实际中得到的信号,其端点基本不可能是极值点,经验模态分解过程中却直接视为极值点,这样就会产生端点效应。端点效应直接导致端点附近的包络拟合失真,进而产生分解误差,随着分解的进行,分解误差不断向内传播,严重制约了 EMD 的应用效果,也对后续的故障诊断产生干扰。

2.3 端点效应

在 EMD 信号分解分析方法的应用过程中,样条插值端点效应和希尔伯特谱端点效应是影响其分析效果最主要的因素[142]之一。样条插值中的端点效应将直接导致 EMD 分解得到的本征模函数的失真,而本征模函数是所有基于EMD 分解的信号特征提取方法的基础,当本征模函数出现失真时,任何特征提取方法都无法从其中得到不失真的故障特征。由于本书对旋转机械故障诊断的研究,只是应用 EMD 分解方法来分析信号,对通过 EMD 分解得到的本征模函数并不采用希尔伯特变换来提取故障特征,因此,本书着重讨论样条插值过程中产生的端点效应。

2.3.1 样条插值端点效应

在 EMD 分解中,必须先取得上、下包络的均值,而这一过程又必须对上下极值进行样条插值拟合,求得上、下包络,很显然,在插值拟合的过程中,信号的端点被当作信号的极值点参与拟合计算。因此,当非极值点的端点参与极值拟合计算时,就会导致信号包络的失真,失真的部位位于信号端点附近。由于对工程实际信号进行 EMD 分解时一般采用重复"筛选"模式,每一次拟合都会在端点处产生误差,且随着"筛选"的重复,误差会不断积累,这将导致第一个本征模函数的失真非常严重;本征模函数的误差进一步导致残余信号的误差,以此类推,随着分解的进行,误差不断加重,受影响的数据不断增多,严重破坏了分解所得的数据。通过一般采样方法得到的信号端点往往都不是信号的极值点,因此,在工程实际中,EMD 分解的样条插值端点效应无处不在,严重影响了信号分析的效果,必须研究相关措施来抑制样条插值的端点效应。

2.3.2　端点效应抑制办法的研究现状

EMD 信号分解分析方法是信号处理领域新生的极具研究前景的方法,是信号处理领域近年来最有价值的突破。EMD 分解方法的发展势必将信号处理推向一个新的高度,但是端点效应却严重影响了 EMD 分解方法的有效性,严重制约了 EMD 分解方法的应用和发展。因此,端点效应的抑制方法也是近年来信号处理领域的一个研究热点。通过大量的基础研究、仿真试验和实际应用,科学家们总结出目前抑制端点效应最有效的办法:对 EMD 分解得到的本征模函数或者是经希尔伯特变换得到的频率,丢弃其两端被端点效应破坏的数据,只保留数据系列中间未受端点效应影响或者被破坏程度较轻的数据。具体做法如下[141]:

①对长的信号数据,由于信号数据够长,端点效应还不能够破坏数据系列中间的数据,只需先对信号进行 EMD 分解或者希尔伯特变换,丢弃所得本征模函数或者希尔伯特谱两端被破坏的数据,只保留数据系列中间原貌保存得比较好的数据,以供后续分析使用。

②对比较短的信号系列,端点效应很有可能破坏整个数据系列,即使是上述截头去尾的做法也不能很好地抑制端点效应,因此就必须先从两端扩充原始数据系列,使数据系列够长,能够将端点效应的影响拦截在中间有效数据之外,然后再对被扩充的信号数据进行 EMD 分解或者希尔伯特变换,最后对得到的本征模函数或者希尔伯特谱进行截头去尾操作。

上述对短信号的扩充技术就是信号延拓技术,信号延拓技术是抑制端点效应的关键技术,也是信号处理领域的另一个研究热点。目前,信号延拓技术主要包括以下内容:

①直接延拓技术[143]。

②基于时间系列预测的延拓技术[144]。

③基于智能算法预测的延拓技术[145]。

在直接延拓技术中,偶延拓和镜像延拓技术延拓效果差,不太受欢迎;周期延拓只适用于周期性好的信号,对一般信号,其延拓效果也是非常差的。智能延拓技术普适性强,延拓效果好,是一种最常用的延拓技术,只是对周期截取的周期信号的延拓效果不如周期延拓技术好;基于 BP 神经网络和 RBF 神经网络预测的延拓技术都能取得较好的延拓效果,只是这类算法效率很低[141]。

对 EMD 分解方法端点效应抑制方法的研究,前人取得了丰硕的成果,但是这些成果都集中在信号延拓技术上,信号延拓技术还存在以下两个方面的缺陷:

①信号延拓只是单纯地从端点效应产生的影响出发,对分析结果截头去尾,以减小端点效应的影响,不考虑端点效应产生的原因,没有考虑从本质上抑制端点效应。

②信号延拓在信号扩充的过程中不可避免地带来误差,这些误差必定会影响分析效果。鉴于信号延拓技术以上的缺陷,本书从旋转机械轴系故障诊断中信号处理本身的需求出发,提出了无失真端点极值化经验模态分解方法(The EMD Based on an Undistorted Endpoints Extremum Method,UEE-EMD),并应用此方法实现旋转机械轴系故障特征的提取和故障诊断。

2.4　UEE-EMD 方法的基本原理

本节针对旋转机械故障的固有特性和端点效应产生的机理提出一种新的端点效应抑制方法,即无失真端点极值化经验模态分解方法。

2.4.1　UEE-EMD 方法的提出

旋转机械轴系故障的特点:随着状态监测技术的发展,对旋转机械的监测和管理越来越严密,其故障一般都在可控的状态下就已经被识别并被监控着,在合适的时机就会被停机检修。因此,旋转机械轴系的故障一般不会发展到不可控或者产生突变的阶段,在可控的故障状态下,机械的运行状态还是相对稳定的。另外,随着机械制造技术的不断发展,旋转机械关键部件的耐受程度不断提高,即使是在故障状态,机械的性能和运行状态的变化也会比较缓慢。所以,当旋转机械处于故障状态时,传感器还是可以测取足够长的故障信号,对旋转机械轴系故障信号的 EMD 分解中端点效应的抑制,不需要采用信号延拓技术。旋转机械的故障有很多种,故障状态也大不相同,但是轴系故障是旋转机械最主要的故障,因此,本书在此只讨论旋转机械轴系故障的诊断。

样条插值端点效应产生的原因:从本章 2,3 节可知,被分解信号的端点往往不是信号数据的极值点,而是导致经验模态分解过程中样条插值端点效应的直接原因。因此,如果以信号本身的极值点做信号的端点,那么一定可以从源头上抑制样条插值的端点效应。当然,经验模态分解的端点效应还包括希尔伯特变换的端点效应,但是本研究并不采用希尔伯特变换来分析 EMD 分解得到的本征模函数,因此,本书在此只关注样条插值的端点效应。

基于以上两个原因,为了提高旋转机械故障特征提取的有效性,本书提出一种无失真端点极值化的样条插值端点效应抑制方法。这种新的方法主要包括交叉取样策略、端点极值化策略和本征模函数截头去尾策略 3 个策略。

①交叉取样策略。提取样本时,在被分析数据的两端都多取一段数据。这样就可以不用进行信号延拓了,不仅避免了信号延拓必需的大量计算,还避免了因信号延拓带来的不可避免的误差,完全保留了信号最原始的信息,为 EMD 分解分析提供了一个最有效的数据基础。

②端点极值化策略。对取得的样本,先分别找到样本两端有效数据以外的部分极值点,然后丢弃这两个极值点以外的数据,以这两个极值点为数据端点,端点极值化策略从端点效应产生的机理出发,从源头上控制了样条插值的误差,从根本上抑制了端点效应的产生。

③本征模函数截头去尾策略。当 EMD 分解完成后,依据有效数据的首尾

标记,去除本征模函数有效数据之外的数据,本征模函数截头去尾策略去除了可能被端点效应破坏的数据,保留了有效分析数据,是无失真端点极值化端点效应抑制方法的最后一重保障。由此可见,无失真端点极值化方法分别从数据、原因和结果 3 个层面阻止了误差的产生,严格控制了端点效应产生的所有诱因,且计算效率高,必定会是一种非常有效的长信号样条插值端点效应抑制办法。另外,如果将截头去尾策略安排在希尔伯特变换之后,这种方法同样可以很好地抑制希尔伯特变换的端点效应。

2.4.2 交叉取样策略

当对一个长信号进行取样分析时,通常先将它分成多个短信号样本进行分析,然后提取所有短信号的共同特征来描述长信号的特点。当采用 EMD 分解算法来分解分析信号时,其端点效应严重影响了信号时频分析的有效性。目前,应对端点效应,一般是从分解结果上去掉被破坏的数据,以减小端点效应的不利影响,其主要技术是信号延拓。但是信号延拓技术也存在无法避免的缺陷:如没能从本质上抑制端点效应的产生、不可避免地加入了误差、延拓方法难以选择、参数难以设置、计算复杂等。为了克服信号延拓技术的上述弱点,实现长信号端点效应的有效抑制,本书提出了一种交叉取样方法代替信号延拓技术,其取样机制如图 2.1(a)所示,取样结果如图 2.1(b)所示。

在图 2.1(a)中,x 表示待取样分析的长信号;xv_1,xv_2,$\cdots$,xv_n 表示欲从 x 中分解出的短有效样本,是待分析的有效数据,相邻数据首尾相接,无交叉部分;(tvs_1, tve_1),(tvs_2, tve_2),$\cdots$,(tvs_n, tve_n) 分别表示有效短信号样本的首尾端点在时间轴上对应的值;xs_1,xs_2,$\cdots$,xs_n 表示通过交叉取样从 x 中分解出来的交叉样本,相邻的两个样本都有交叉部分,用于进行 EMD 分解,其交叉部分用于抑制端点效应;(tss_1, tse_1),(tss_2, tse_2),$\cdots$,(tss_n, tse_n) 分别表示交叉样本的首尾端点在时间轴上对应的值;Δt 表示交叉取样时,每个有效数据两端多取的数据段的长度;Δt_v 表示每个有效样本的长度;t_0 表示长信号的起始点。

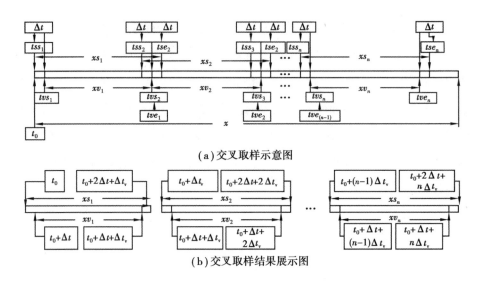

（a）交叉取样示意图

（b）交叉取样结果展示图

图 2.1　交叉取样策略及取样结果

交叉取样策略的目的是将长信号样本分解成多个交叉样本,以便进行分解和分析,因此,求取每一个交叉样本的起始点、结束点是交叉取样策略的主要任务之一。当信号被分解成多个交叉样本后,后续还有很多复杂的处理分析程序要进行,而且通过交叉取样得到的交叉样本在规格上具有一致性,为了便于后续处理,对取样得到的交叉样本进行归一化,使所有交叉样本的起始点为 0,结束点为交叉样本长度,样本归一化也是交叉取样策略必要的任务。由于后续端点极值化势必会丢弃交叉样本的首尾部分数据,且被丢失数据的长度是不可知的,如果在极值化之前没有标记有效样本的起始点和结束点,极值化之后,有效样本的位置信息就会被丢失,直接影响最后的截头去尾操作,因此,标记有效样本的起始点和结束点也是交叉取样策略的必要任务之一。综上所述,交叉取样策略主要包括以下 3 个步骤:一是求取所有交叉样本的起始点和结束点,完成交叉取样;二是交叉样本归一化;三是标记有效样本的起始点和结束点。

1）交叉取样

（1）计算交叉样本的起始点和结束点

因为交叉取样可以保证:交叉样本的起始点比有效样本的起始点早 Δt,交叉样本的结束点比有效样本的结束点晚 Δt。故有：

$$tss_n = tvs_n - \Delta t \tag{2.7}$$

$$tse_n = tve_n + \Delta t \tag{2.8}$$

从图 2.1(a)中可以看出，第一个有效样本从 Δt 处开始，以后每一个有效样本都是首尾相接。因此，每一个有效样本的起始点都是 Δt 与其前面所有有效样本的长度和，每一个有效样本的结束点都等于其起始点与有效样本长度 Δt_v 的和，故有：

$$tvs_n = t_0 + \Delta t + (n-1)\Delta t_v \tag{2.9}$$

$$tve_n = tvs_n + \Delta t_v = t_0 + \Delta t + n\Delta t_v \tag{2.10}$$

由此可得：

$$tss_n = tvs_n - \Delta t = t_0 + (n-1)\Delta t_v \tag{2.11}$$

$$tse = tve_n + \Delta t = t_0 + 2\Delta t + n\Delta t_v \tag{2.12}$$

（2）Δt 值的设定

从式(2.11)和式(2.12)可以看出，只要知道 t_0，Δt 和 Δt_v 就可以轻易求取任意一个交叉样本起始点和结束点。其中，t_0 在取得长信号样本 x 时就会知道，但是一般都会将其归一化为 0；Δt_v 根据数据分析的需要人为设定，不需要严格计算，由分析者主观决定；Δt 表示交叉样本比有效样本在端点处多出的部分长度，这个长度决定端点效应对有效数据部分的影响程度，因此，这个长度是不可以随便设定的，必须有合理的理论支撑。

由前人的研究可知，如果应用信号延拓技术将短信号两端各延拓出适当数量的极值点，就可以很好地制约端点效应对有效数据的影响。本书以保证交叉样本两端都比有效样本多出 3 个极值点为例，讨论 Δt 的取值范围，其计算步骤如下：

首先计算出信号 x 中任意两个相邻极值点之间的距离 $\Delta t_i - (i+1)$，$i = 1, 2, \cdots,$ n，并求取其中相邻极值点之间的最大距离 Δt_{max} 和最小距离 Δt_{min}。

如图 2.2(a)所示，假设 $\Delta t = 3\Delta t_{max}$，由于有效信号的端点不是极值点，则

Δt_1 必定小于 Δt_{max}，进而 Δt_2 必定大于两倍的 Δt_{max}，则 Δt_2 标识的这一段内至少包含两个极值点，因此，离有效信号最近的 3 个极值点绝不可能是交叉样本的端点。此时，在交叉样本端点处相对于有效信号多余的 Δt 段信号中，端点极值化处理至少可以保留 3 个极值点，可以满足端点效应抑制效果的要求。

如图 2.2(b)所示，假设 $\Delta t = 3\Delta t_{max}$，由于有效信号的端点是极值点，且 Δt_1，Δt_2 和 Δt_3 中至少有一个小于 Δt_{max}，则 $\Delta t_1 + \Delta t_2 + \Delta t_3$ 必定小于 $3\Delta t_{max}$，因此，离有效信号最近的 3 个极值点绝不可能是交叉样本的端点。此时，在交叉样本端点处相对于有效信号多余的 Δt 段信号中，端点极值化处理至少可以保留 3 个极值点，也可以满足端点效应抑制效果的要求。

如图 2.2(c)所示，假设 $\Delta t = 3\Delta t_{max}$，由于有效信号的端点是极值点，且 $\Delta t_1 = \Delta t_2 = \Delta t_3 = \Delta t_{max}$，则 $\Delta t_1 + \Delta t_2 + \Delta t_3 = 3\Delta t_{max}$，因此，离有效信号最近的第三个极值点正好是交叉样本的端点，在后续进行端点极值化处理时，这个极值点会丢失，丢失后就不能满足本书对端点效应抑制效果的要求。很显然，这种情况是最极端的情况，只要 Δt 的长度能让这种情况也能满足需求，Δt 的长度设置就是成功的。

从图 2.2(c)可以看出，$\Delta t = 3\Delta t_{max}$ 是这种情况的边缘值，只要 $\Delta t > 3\Delta t_{max}$，离有效信号最近的第三个极值点就不会是交叉样本的极值点，在后续进行端点极值化处理时，这个极值点也不会丢失。此时，在交叉样本端点处相对于有效信号多余的 Δt 段信号中，端点极值化处理至少可以保留 3 个极值点，也可以满足端点效应抑制效果的要求。因此，本书定义为：

$$\Delta t = \Delta t_d + 3\Delta t_{max} \tag{2.13}$$

由于本书的要求是在有效信号端点处有效信号以外的部分至少保留 3 个极值点，得出的合理设置方式如式(2.13)，其实，从式(2.13)的推演过程不难得出：如果在有效信号端点处有效信号以外的部分至少保留 m 个极值点，那么，Δt 必须满足：

$$\Delta t = \Delta t_d + m\Delta t_{max} \tag{2.14}$$

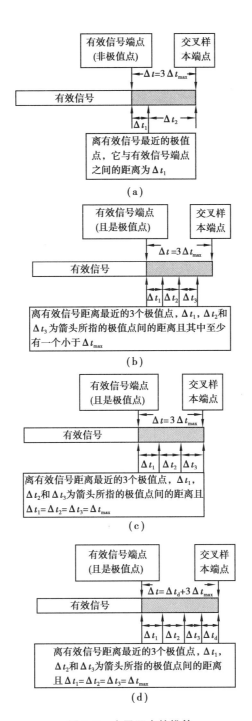

图 2.2　交叉距离的推算

在式(2.13)和式(2.14)中,只要 Δt_d 大于 0,Δt 的长度就可以保证在任何情况下,经过端点极值化处理后,在交叉样本端点处相对于有效信号多余的 Δt 段信号中,端点极值化处理至少可以保留 m 个极值点。但是,Δt_d 的值过大就会导致在交叉样本端点处相对于有效信号多余的 Δt 段信号中被保留的极值过多,会增加计算负担,降低计算效率。极端情况是:当 $\Delta t_d = \Delta t_{min}$ 时,就有可能多保留一个极值。因此,本书规定:

$$0 < \Delta t_d < \Delta t_{min} \tag{2.15}$$

根据式(2.15)的限定范围,根据自己分析的需要,选择最合适的 Δt_d 值,就可以确定最好的 Δt 值。

(3)完成交叉取样

通过推算得出了各个交叉样本起始点和结束点的计算方法,也得出了 Δt 值的设定依据,还可以根据自己的处理意愿设置 Δt_v。只要知道长信号能分解成多少个交叉样本,就能计算出所有交叉样本的起始点和结束点,进而可以直接从原始信号中复制相应的数据,得到各个交叉样本。交叉样本数目的求取方法如下:

由图2.1可知,能分解出 n 个交叉样本的长信号数据的长度 Δt_x 满足以下条件:

$$2\Delta t + n \times t_v \leqslant 2\Delta t + (n+1) \times t_v \tag{2.16}$$

假设长信号的起始点和结束点分别为 t_0 和 t_x,则有:

$$\Delta t_x = t_x - t_0 \tag{2.17}$$

计算可得:

$$\frac{t_x - t_0 - 2\Delta t}{t_v} - 1 < n \leqslant \frac{t_x - t_0 - 2\Delta t}{t_v} \tag{2.18}$$

只要先设置了合理的 Δt 值和 Δt_v 值,就可根据式(2.18)求得交叉样本的个数 n,然后即可根据前面介绍的方法计算各个交叉样本的起始点和结束点,再根据交叉样本的起始点和结束点,便可直接从长信号样本 x 中依次复制各个交叉样本,这样就可以完成交叉取样了。

2）交叉样本归一化

通过交叉取样可以得到各个交叉样本的数据,这些样本相互独立,却具有一致的规格:相同的长度、相同的有效数据长度、相同的起始点和有效数据起始点之间的距离。因此,为了后续处理方便,需对这些样本进行归一化处理。

首先规定所有样本的起始点在时间轴上对应的位置都为 0,并以此类推后续所有数据点在时间轴上对应的位置,由此可得,所有交叉样本起始点和结束点在时间轴上的位置 t_{ss} 和 t_{se} 分别如下:

$$t_{ss}=0 \tag{2.19}$$

$$t_{se}=2\Delta t+\Delta t_v \tag{2.20}$$

3）标记有效数据

之所以将有效数据的标记放在归一化后面,是因为所有交叉样本的规格相同,归一化之后,所有交叉样本的有效数据位置也是一样的,这样所有交叉样本的有效数据可以共用同一组标记,节约了计算和存储消耗。因为交叉样本与有效数据的特殊关系,使得交叉样本只是在两端都比有效数据多 Δt 的数据,因此,有效数据的起始点(t_{vs})和结束点(t_{ve})与交叉样本的首尾端点(t_{ss},t_{se})存在以下关系:

$$t_{vs}=t_{ss}+\Delta t \tag{2.21}$$

$$t_{ve}=t_{se}-\Delta t \tag{2.22}$$

由此可得:

$$t_{vs}=\Delta t \tag{2.23}$$

$$t_{ve}=\Delta t+\Delta t_v \tag{2.24}$$

这样就完成了有效数据的标记,至此,交叉取样的所有步骤都已完成。所取得的交叉样本不仅可以通过两端的多余信号保护有效信号不受或者少受端点效应的影响,而且彻底保证了信号的原始性和真实性,保证了 EMD 分解前待处理信号的零误差。相对于信号延拓技术,交叉取样在控制误差上取得了质的飞跃,将尽可能减小待分解信号误差变成从根本上杜绝待分解信号误差,为后续的经验模态分解提供了一个没有任何误差的健壮数据基础。

2.4.3 端点极值化策略

从以上交叉取样策略可以看出,交叉取样杜绝了因信号延拓技术不可避免地代入原始数据的误差,为后续处理提供了一个零误差的数据基础。但是,交叉取样和信号延拓都只是通过信号的延长尽量将端点效应的不利影响拦截在有效信号外,没有从根本上抑制端点效应的产生。更重要的是,端点效应的产生、发展和传播的复杂过程至今不明,延长的信号对端点效应的拦截效果也不可估量,在这种端点效应抑制策略下,有效信号部分有没有被破坏和被破坏的程度都无从知晓。只从结果上控制了端点效应的影响,不从根本上抑制端点效应的产生,必将严重制约抑制端点效应的效果,也会影响 EMD 分解分析方法的应用效果。

如果在不破坏数据零误差和信号延长效果的基础上,直接挑选信号的极值点作为信号的端点,那么就可以保证待分解信号端点的极值性,从根本上限制端点效应的产生,一定可以取得更好的端点效应抑制效果,提高时频分析的有效性。因此,本书提出端点极值化的策略,进一步从端点效应产生的机理上控制端点效应。为此,根据不同的分析需求,本书提出了以下两种端点极值化方法:

1)基于交叉样本端点起始的向内搜索方法

基于交叉样本端点起始的向内搜索方法是指极值的搜索从交叉样本的两个端点开始,逐步向信号内部查找,并判断每一个信号数据是不是极值,直到找到可以作为交叉样本端点的极值为止,然后将所找到的极值点作为端点,对交叉样本重新取样,得到极值端点交叉样本。这种方法有两项关键任务:端点极值化和有效数据重标记。

（1）端点极值化

在交叉样本端点处比有效信号多出的那部分数据中有几个极值点是不可知的，但是可以肯定的是至少有 3 个极值点（不包括交叉样本的端点），为了保证端点效应抑制效果，不能丢失其中的任何 1 个极值点。因此，从交叉样本的两个端点出发，逐步向内查找，各自找到离交叉样本端点最近的一个极值点，然后，复制这两个极值点及位于这两个极值点之间的信号数据，组成新的交叉样本，即极值端点交叉样本。

其实施过程如图 2.3（a）所示，首先分别从交叉样本的两个端点出发，逐步向内检查每一个数据点是不是极值点，遇到第一个极值点（如 ts_1 和 te_1）就停止查找，分别记住这两个极值点与开始查找的端点之间的距离（Δts_1 和 Δte_1）；其次根据式（2.25）和式（2.26）计算出这两个极值点在时间轴上对应的位置 ts_1 和 te_1，再复制它们之间的所有信号数据就得到了极值端点交叉样本；最后通过式（2.27）和式（2.28）计算出极值端点样本的首尾端点的位置（t_{ns} 和 t_{ne}）进行归一化，便于后面的分析处理，这样端点极值化过程就完成了。

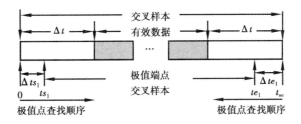

（a）基于交叉样本端点起始的向内搜索方法

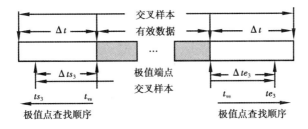

（b）基于有效数据端点起始的向外搜索方法

图 2.3　两种端点极值化方法

$$ts_1 = t_{ss} + \Delta ts_1 = 0 + \Delta ts_1 = \Delta ts_1 \tag{2.25}$$

$$te_1 = t_{se} - \Delta te_1 \tag{2.26}$$

$$t_{ns} = 0 \tag{2.27}$$

$$t_{ne} = t_{se} - \Delta ts_1 - \Delta te_1 \tag{2.28}$$

（2）有效数据重标记

为了方便 EMD 分解后的截头去尾操作，在交叉取样时，我们曾经对有效数据进行过标记，但是由于端点极值化的过程中丢弃了交叉样本首尾部分的数据，使得有效数据的标记在极值端点交叉样本中不再有效。因此，为了保证后续的相关操作可以顺利进行，必须对极值端点交叉样本的有效数据进行重新标记。

从图 2.3（a）中端点极值化的操作程序可以看出，由于交叉样本首段丢失了 Δts_1 的一段数据，因此，在归一化的过程中，极值端点交叉样本中所有数据在时间上的位置只是相对于交叉样本前移了 Δts_1 的距离。同理，有效数据前移了 Δts_1 的距离，其标记也前移了 Δts_1 的距离，因此，可以根据交叉样本的有效数据标记（t_{vs} 和 t_{ve}）求取极值端点交叉样本的有效数据标记（t_{nvs} 和 t_{nve}），如式（2.29）和式（2.30）：

$$t_{nvs} = t_{vs} - \Delta ts_1 \tag{2.29}$$

$$t_{nve} = t_{ve} - \Delta ts_1 \tag{2.30}$$

从上述操作过程可以看出，基于交叉样本端点起始的向内搜索方法不仅可以确保端点极值化后得到的样本的端点是数据的极值点，很好地保留了数据的原始性、零误差性和健壮性，为后续的信号分析打下了坚实的数据基础。但是，由于交叉取样时，Δt 是极大值情况，这就导致了交叉样本两端处的多余信号中所含的极值点往往多于 3 个，还很有可能是很多个。多余的极值将会大大增加后续 EMD 分解过程的计算复杂度，因此，本书又设计了基于有效数据端点起始的向外搜索方法。

2）基于有效数据端点起始的向外搜索方法

与基于交叉样本端点起始的向内搜索方法不同,基于有效数据端点起始的向外搜索方法从有效数据的两个端点开始,逐步向信号外部查找,并判断每一个信号数据是不是极值,直到分别找到离有效数据端点最近的 3 个极值为止,然后分别将两端最后找到的那个极值点作为交叉样本的两个端点,对交叉样本重新取样,得到极值端点交叉样本。这种方法也包括端点极值化和有效数据重标记两项关键任务。

（1）端点极值化

在交叉样本端点处比有效信号多出的那部分数据中有几个极值点是不可知的,但是可以肯定的是至少有 3 个极值点(不包括交叉样本的端点),为了在保证端点效应抑制效果的同时,尽量控制计算效率,我们只保留每一段离有效数据端点最近的 3 个极值点。因此,从有效数据的两个端点出发,逐步向外查找,各自找到离有效数据端点最近的 3 个极值点,然后,分别取两端处离有效数据端点最近的第三个极值点作为新的样本端点,复制这两个极值点及那些位于它们之间的信号数据,组成新的交叉样本,即极值端点交叉样本。

其实施过程如图 2.3(b)所示,首先分别从有效数据的两个端点出发,逐步向外检查每一个数据点是不是极值点,遇到第三个极值点(如 ts_3 和 te_3)就停止查找,分别记住这两个极值点与开始查找的端点之间的距离(Δts_3 和 Δte_3);其次根据式(2.31)和式(2.32)计算出这两个极值点在时间轴上对应的位置 ts_3 和 te_3,再复制之间的所有信号数据就得到了端点极值交叉样本;最后通过式(2.33)和式(2.34)计算出极值端点样本的首尾端点的位置(t_{ns} 和 t_{ne}),进行归一化,便于后面的分析处理,这样端点极值化过程就完成了。

$$ts_3 = t_{vs} - \Delta ts_3 \tag{2.31}$$

$$te_3 = t_{ve} + \Delta te_3 \tag{2.32}$$

$$t_{ns} = 0 \tag{2.33}$$

$$t_{ne} = t_{se} - (\Delta t - \Delta ts_3) - (\Delta t - \Delta te_3) = t_{se} + \Delta ts_3 + \Delta te_3 - 2\Delta t \tag{2.34}$$

（2）有效数据重标记

同样，由于端点极值化的过程中丢弃了交叉样本首尾部分的数据，使得有效数据的标记在极值端点交叉样本中不再有效。因此，为了保证后续的相关操作可以顺利进行，就必须对极值端点交叉样本的有效数据进行重新标记。

从图 2.3（b）中端点极值化的操作程序可以看出，由于交叉样本首段丢失了 $\Delta t - \Delta ts_3$ 的一段数据，因此，在归一化的过程中，极值端点交叉样本中所有数据在时间上的位置只是相对于交叉样本前移了 $\Delta t - \Delta ts_3$ 的距离。同理，有效数据前移了 $\Delta t - \Delta ts_3$ 的距离，其标记也前移了 $\Delta t - \Delta ts_3$ 的距离，因此，可以根据交叉样本的有效数据标记（t_{vs} 和 t_{ve}）求取极值端点交叉样本的有效数据标记（t_{nvs} 和 t_{nve}），如式（2.35）和式（2.36）：

$$t_{nvs} = t_{vs} - (\Delta t - \Delta ts_3) = t_{vs} + \Delta ts_3 - \Delta t \tag{2.35}$$

$$t_{nve} = t_{ve} - (\Delta t - \Delta ts_3) = t_{ve} + \Delta ts_3 - \Delta t \tag{2.36}$$

从上述操作过程可以看出，基于有效数据端点起始的向外搜索方法不仅可以确保端点极值化后得到的样本端点是数据的极值点，很好地保留了数据的原始性、零误差性和健壮性，为后续信号分析打下了坚实的数据基础。而且，它只保留了交叉样本两端处的多余信号中离有效信号最近的 3 个极值点，不仅满足了端点效应抑制的要求，还严格控制了多余信号的长度，有效降低了计算的复杂度。

极值端点交叉样本不仅保留了交叉样本零误差和足以保护有效数据不受端点效应影响等优点外，极值端点交叉样本的端点的极值性是确定的，这可以从源头抑制端点效应的产生。因此，端点极值化策略为抑制端点效应对信号时频分析的影响提供了更深层次的保障。

2.4.4 分解后截头去尾处理策略

通过前面两项策略的处理，就给 EMD 分解准备了一批零失真的端点为极值的待处理数据，特别是端点极值化试图从源头上制约端点效应的出现。然而,端点极值化只保证了第一次分解前数据的零误差性和端点极值性,对分解产生的余项误差和端点的极值性分析,我们还是无从得知。因此,为了加强端点效应抑制的效果,本书在保证待分解数据零失真和端点为极值的基础上,依旧保留了传统端点效应抑制方法对处理后数据截头去尾的操作。其实施步骤如下:

第一步:按照 2.2 节中介绍的 EMD 分解方法分解极值端点交叉样本。

第二步:对每一个由 EMD 分解得到的本征模函数,依据有效信号的首尾标记,去掉其两端多余的部分。

第三步:对经过第二步处理过的本征模函数进行归一化,便于后续特征提取操作的实现。

由于本书只应用了 EMD 分解方法将原始故障信号分解成多个本征模函数,并不采用希尔伯特变换提取故障特征,因此,这里是对本征模函数进行截头去尾操作。如果需要对本征模函数进行希尔伯特变换,那么截头去尾操作就放在希尔伯特变换后,这样,本方法对希尔伯特变换端点效应的抑制效果会更好。

2.4.5　UEE-EMD 小结

UEE-EMD 信号分析方法的流程如图 2.4 所示,其中,交叉取样策略试图将端点效应对数据的破坏拦截在有效数据之外,从控制端点效应不利影响的方向抑制了端点效应对时频分析效果的影响;端点极值化策略试图从本质上限制端点效应的产生,从源头上抑制端点效应的影响。UEE-EMD 的双重端点效应抑制策略,不仅实现了从传统端点效应抑制策略的尽量减轻破坏的机制到限制破坏发生的机制转变,同时保留了传统端点效应利用延长数据保护有效数据的思想,势必取得更好的端点效应抑制效果。另外,UEE-EMD 还保证了待分解信号零误差,从数据源头保证了分解分析的有效性,这是传统信号延拓技术不可能做到的。因此,UEE-EMD 全面考虑数据误差、端点效应产生的机理、端点效应破坏机制 3 个方面的因素,从源头和影响两个方面入手,双管齐下,全面抑制端点效应可能带来的有效数据破坏,是一种非常优秀的经验模态分解方法。

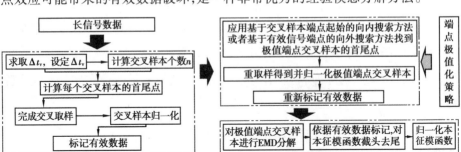

图 2.4   UEE-EMD 信号分析方法的流程图

旋转机械的振动故障信号通常是由基频振动分量和其他倍频谐波分量组成的,仿真试验中运用一系列信号分量的不同组合来构造模拟故障信号,这些信号分量为:

$$\begin{cases} e_1(t) = \sin(2\pi \times 60t) \\ e_2(t) = [1+0.1\sin(2\pi \times 15t)] \times \sin[2\pi \times 120t + 0.2\sin(2\pi \times 10t)] \\ e_3(t) = \sin(2\pi \times 240t) \\ e_4(t) = \sin(2\pi \times 360t) \\ e_5(t) = noise \end{cases} \quad (2.37)$$

式中 $e_1(t)$——频率为 60 Hz 的基频振动信号;

　　　　$e_2(t)$——具有调制特性的 2 倍频信号;

　　　　$e_3(t)$,$e_4(t)$——正弦信号,分别对应 4 倍频和 6 倍频谐波信号;

　　　　$e_5(t)$——噪声信号。

2.5   UEE-EMD 仿真实验效果

如 1.2 节中所述,不平衡故障和不对中故障分别会导致基频振动和 2 倍频振动,而 4 倍与 6 倍频分量通常出现在碰摩故障引起的振动信号中。在仿真试

验中,通过 $e_1(t)$—$e_5(t)$ 的组合形成 1 组测试信号 $x_{fz}(t)$:

$$x_{fz}(t) = e_1(t) + A \times e_2(t) + B \times e_3(t) + C \times e_4(t) + e_5(t) \tag{2.38}$$

式中　A——2 倍频分量的系数,为 $[0.3,0.4]$ 范围内的随机数;

　　　B——4 倍频分量的系数,为 $[0.28,0.32]$ 范围内的随机数;

　　　C——6 倍频分量的系数,为 $[0.09,0.11]$ 范围内的随机数。

首先,针对仿真信号 $x_{fz}(t)$ 取时间轴 20~80 时间段的信号为有效数据。然后,采用无失真端点极值化技术提取相应的交叉样本,如图 2.5(a) 所示;对有效数据进行镜像延拓得到镜像延拓[146]样本,如图 2.5(b) 所示;对有效数据进行周期延拓得到周期延拓[147]样本,如图 2.5(c) 所示,经过延拓技术得到的信号与原始信号在两端的误差,见表 2.1。

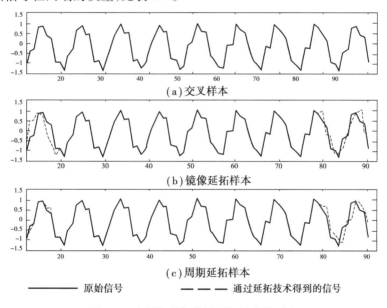

(a) 交叉样本

(b) 镜像延拓样本

(c) 周期延拓样本

―――― 原始信号　　　　― ― ― 通过延拓技术得到的信号

图 2.5　交叉取样与信号延拓技术的对比

表 2.1　延拓信号与原始信号在两端的误差

延拓方法	UEE-EMD	镜像延拓	周期延拓
左端	0	2.495 6	0.291 6
右端	0	2.055 2	1.372 9

从图 2.5(b) 中可以看出,样本两端的延拓信号部分与真实信号差异明显,这说明镜像延拓技术虽然试图将端点效应拦截在有效信号之外,但是延拓过程本身就带入了明显的误差,这不仅会降低对端点效应的抑制效果,而且待分解数据的误差必然还会给时频分析带来其他干扰,表 2.1 也显示镜像延拓代入的误差非常明显;虽然仿真信号从整体上看周期性明显,且周期延拓技术对这类信号的延拓可以取得最佳效果,但从图 2.5(c) 中不难看出,两端的延拓信号与真实信号之间还是存在不可忽视的差异,仍然会对时频分析带来不利影响,表 2.1 也显示了周期延拓代入的不可忽视的误差;然而,如图 2.5(a) 所示,由本书提出的无失真端点极值化技术得到的交叉样本与真实信号没有任何差异,表 2.1 也显示了这种方法的零误差性。因此,本书提出的无失真端点极值化策略可以为后续的 EMD 分解提供一个零误差的数据基础,不仅在端点效应抑制效果上会比传统信号延拓技术更好,还杜绝了不必要的误差引入,更有利于时频分析。

2.6 故障诊断应用实例

滚动轴承是一种重要的旋转机械,检测并诊断出其潜在故障及严重程度对其安全稳定运行有着至关重要的作用,很多相关研究者都采用分解分析的方法来实现故障的检测和诊断[148-149]。本节将 UEE-EMD 应用在滚动轴承故障诊断中,以滚动轴承故障为例进一步验证基于无失真的端点极值化经验模态分解对多元故障征兆提取的有效性。

故障诊断中所采用的样本为文献[150]中提供的滚动轴承故障数据,包括 6 种人工设定不同缺陷尺寸的故障:外环 0.007 英寸缺陷、外环 0.014 英寸缺陷、内环 0.007 英寸缺陷、内环 0.014 英寸缺陷、滚珠 0.007 英寸缺陷、滚珠 0.017 英寸缺陷。在故障试验中,外加负载设为 2 马力,振动响应的采样频率设为 24 kHz。本节采用不同程度的 3 种故障数据做样本,共 6 个类别,每类样本都是从原数据中随机截取长度为 500 个采样点的故障波形。表 2.2 列出了所采用故障样本数据的基本信息,故障样本振动波形如图 2.6 所示。

表 2.2　6 种滚动轴承故障数据样本的描述

类别标签	故障位置	缺陷程度	故障样本长度	故障样本数目
1	外环	0.007	500	118
2	内环	0.007	500	118
3	滚珠	0.007	500	118
4	外环	0.014	500	118
5	内环	0.014	500	118
6	滚珠	0.014	500	118

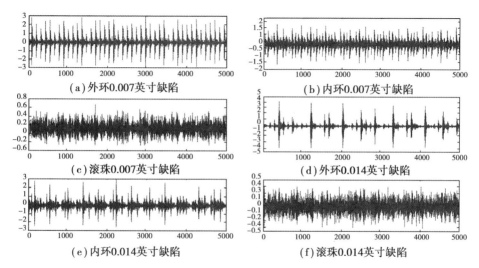

图 2.6　故障样本数据图

首先,对 6 种故障信号进行交叉取样,每种故障数据得到 118 个交叉样本,接着,对每一个交叉样本进行端点极值化,得到相应的极值端点交叉样本,这样就完成了样本数据的预处理。然后,对每类故障数据的 118 个极值端点交叉样本全部进行 EMD 分解,并对每一个样本的前 5 个本征模函数进行掐头去尾操作,只留下有效数据部分的数据,得到相应的有效本征模函数,以供后续特征提取使用。最后,对每一条样本数据的前 5 个有效本征模函数,并对每一个本征模函数,计算其表 2.3 的 20 项特征。这样,就完成了故障特征提取,为每一个故障样本提取了一个包含 100 项时频特征的特征集。用这 100 项特征来表征滚动轴承的故障样本,结合概率神经网络分类方法,实现滚动轴承故障智能诊断。故障诊断流程如图 2.7 所示。

表 2.3　故障特征

时域特征

$$TF_1 = \frac{1}{N}\sum_{n=1}^{N} x(n)$$

$$TF_2 = \sqrt{\frac{1}{N-1}\sum_{n=1}^{N}[x(n)-TF_1]^2}$$

$$TF_3 = \sqrt{\frac{1}{N}\sum_{n=1}^{N} x^2(n)}$$

$$TF_4 = \max|x(n)|$$

$$TF_5 = \frac{N}{(N-1)(N-2)(N-3)}\sum_{n=1}^{N}\left(\frac{x(n)-TF_1}{TF_2}\right)^3$$

$$TF_6 = \left\{\frac{N(N+1)}{(N-1)(N-2)(N-3)}\sum_{n=1}^{N}\left(\frac{x(n)-TF_1}{TF_2}\right)^4\right\} - \frac{3(N-1)^2}{(N-2)(N-3)}$$

$$TF_7 = \frac{TF_4}{TF_3}$$

$$TF_8 = \frac{TF_4}{\left(\frac{1}{N}\sum_{n=1}^{N}\sqrt{|x(n)|}\right)^2}$$

$$TF_9 = \frac{TF_3}{\frac{1}{N}\sum_{n=1}^{N}|x(n)|}$$

$$TF_{10} = \frac{TF_4}{\frac{1}{N}\sum_{n=1}^{N}|x(n)|}$$

频域特征

$$FF_1 = \frac{\sum_{k=1}^{K} s(k)}{K}$$

$$FF_2 = \frac{\sum_{k=1}^{K} f_k s(k)}{\sum_{k=1}^{K} s(k)}$$

$$FF_3 = \sqrt{\frac{\sum_{k=1}^{K} f_k^2 s(k)}{\sum_{k=1}^{K} s(k)}}$$

$$FF_4 = \sqrt{\frac{\sum_{k=1}^{K}(f_k - FF_2)^2 s(k)}{K}}$$

$$FF_5 = \sqrt{\frac{\sum_{k=1}^{K} f_k^4 s(k)}{\sum_{k=1}^{K} f_k^2 s(k)}}$$

$$FF_6 = \sqrt{\frac{\sum_{k=1}^{K} f_k^2 s(k)}{\sqrt{\sum_{k=1}^{K} s(k)\sum_{k=1}^{K} f_k^4 s(k)}}}$$

$$FF_7 = \frac{FF_4}{FF_1}$$

$$FF_8 = \frac{\sum_{k=1}^{K}(f_k - FF_1)^3 s(k)}{K FF_4^3}$$

$$FF_9 = \frac{\sum_{k=1}^{K}(f_k - FF_5)^4 s(k)}{K FF_6^4}$$

$$FF_{10} = \frac{\sum_{k=1}^{K}\sqrt{f_k - FF_5}\, s(k)}{K\sqrt{FF_6}}$$

其中 $x(n)$ 是 $n=1,2,\cdots,N$ 对应的信号系列;N 是信号的长度；$s(k)$ 是 $k=1,2,\cdots,K$ 所对应的频率线所对应的频率值;K 是谱线的数量;f_k 是第 k 条谱线所对应的频率值

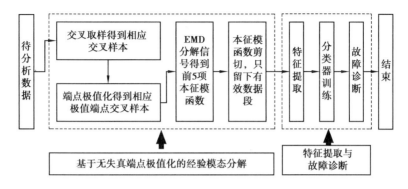

图 2.7　故障诊断流程图

在这个含有 100 项特征的特征集中随机选取 3 项特征,可得到 6 种故障的散点图,重复实验 6 次,可得如图 2.8 所示的 6 个散点图;随机抽取 50 组样本将概率神经网络训练成相应的分类器,并将剩余的样本用作检测样本来检测故障诊断的准确率,重复上述实验过程 10 次,记录并统计所有实验结果,计算其均值,整理显示见表 2.4;将镜像延拓和周期延拓分别应用在滚动轴承数据的经验模态分解中,提取所得本征模函数的特征,得到相同的特征集,应用相同的方法在相同的环境下进行故障诊断,其结果对比见表 2.5。

表 2.4　基于 UEE-EMD 的滚动轴承故障诊断结果

故障类别	诊断准确率/%	特征提取时间/ms	训练时间/ms	诊断时间/ms
F1	100	2 679	1 331	1 110
F2	96.32	2 656	1 376	1 123
F3	94.73	2 665	1 429	1 119
F4	94.53	2 657	1 375	1 108
F5	95.98	2 688	1 362	1 103
F6	97.25	2 671	1 371	1 121

表 2.4 显示,基于经验模态分解的特征提取方法获得了较为理想的故障诊断准确率,只是计算效率不理想;这充分说明了经验模态分解方法可以有效挖掘故障信息,充分提取有效故障特征,是一种实用的多元故障征兆提取方法。

从表 2.5 中可以看出,基于端点极值化的经验模态分解相对于传统的经验模态分解得到了更为优秀的诊断结果,这说明 UEE-EMD 提供的无失真的原始数据有效促进了多元故障征兆准确提取和故障的准确表征。因此,实验证明,UEE-EMD 是一种更为适用的旋转机械轴系多元故障征兆提取方法。

表 2.5 UEE-EMD 与信号延拓技术的诊断结果对比

故障特征提取方式	平均准确率/%	平均特征提取时间/ms	平均训练时间/ms	平均诊断时间/ms
UEE-EMD	96.47	2 669	1 374	1 114
镜像延拓	96.05	2 632	1 369	1 107
周期延拓	96.13	2 673	1 358	1 123

从图 2.8 中可以明显地看出:

①UEE-EMD 分解方法与时频特征提取方法相结合,所提取的特征中包含了可以很好地区分 6 种故障的有效特征,这种特征提取方法抓住了 6 种故障之间的关键差异,是一种非常有效的旋转机械轴系多元故障征兆提取方法。

②所提取的特征子集中同时也包含了分别对 6 种故障几乎没有太大作用的特征项,而且绝大部分的特征都是这类特征。

③特征集中很少的几项特征便可以很好地描述 6 种故障之间的固有联系,抓住其关键差异,实现故障的区分。

因此,UEE-EMD 分解方法与时频特征提取方法相结合的策略,可以很好地提取能反映不同类别故障之间的关键差异信息,对滚动轴承轴系振动故障的诊断,UEE-EMD 分解方法是一种适用性很强的多元征兆提取方法。只是所得特征集中特征太大,其中无效信息太多,这会极大地增加后续故障识别的计算负担,严重影响故障诊断的效率。为了能够取得故障诊断的准确率和计算效率的双重提高,还必须研究合理有效的特征选择算法,从所得特征集中找到可以准确描述故障之间固有联系的、能够有效区分 6 种故障的、尽量小的特征子集。

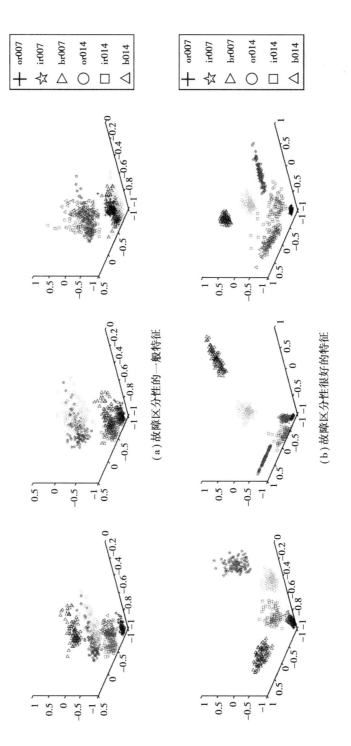

（a）故障区分性的一般特征

（b）故障区分性很好的特征

图2.8　滚动轴承故障特征散点图

2.7　本章小结

　　本章在充分考虑滚动轴承故障本身特性的基础上,首先提出了一种基于无失真端点极值化的经验模态分解方法,并通过仿真实验验证它对端点效应的抑制效果,然后将该方法应用于滚动轴承故障信号分析,并结合时域特征提取和频域特征提取方法实现滚动轴承故障特征提取。UEE-EMD 分解方法全面考虑了数据误差、端点效应产生机理、端点效应破坏机制 3 个方面的因素,从源头和影响两个方面入手,全面抑制端点效应可能带来的有效数据破坏,是一种抗端点效应效果较好的经验模态分解方法。仿真实验和实际应用都证明了 UEE-EMD 在端点效应抑制中的优越性。研究结果表明,将 UEE-EMD 分解方法与时频特征提取方法相结合,可以很好地提取能反应不同类别故障之间关键差异的信息,是一种非常有效的故障特征提取方法。只是所得的特征集包含了太多的冗余信息,其中的无效信息模糊了故障表征的效果,占用了计算资源,严重影响了故障诊断的效果和效率。因此,有必要开展相应的特征选择方法研究。

第3章　基于分类树的分层特征选择方法

3.1 引 言

旋转机械的复杂性,各部件之间的相互关联性和紧密耦合性,直接导致旋转机械故障与故障成因和故障征兆之间的关系错综复杂,主要表现在以下几个方面:

①在故障状态下,机械的动态行为复杂多变,具有非常明显的非线性非平稳性,使得信号难以分析。

②故障成因错综复杂,导致故障有效特征不容易确定,使得有效信息的提取异常困难。

③耦合故障和多耦合故障的存在极大地增加了有效特征提取的难度。

④微弱的故障信号往往会被强背景噪声和干扰信号淹没。

因此,很难确定哪些信号或者信号的相关成分对旋转机械的故障诊断有效,要想准确地表征故障,提高诊断的有效性,就必须尽可能多地提取信号特征,以保证所得的特征集包含所有的有效信息,能够准确地表征机械状态和机械故障。在实际情况中,大部分信号特征都是无效或者有效性可以忽略的,甚至会模糊特征集的差异,给机械的状态表征带来不良影响。另外,大量的无效数据往往增加了后续故障识别的计算负担。因此,如何从数量庞大的特征集中选择对故障描述最有效的最小特征集是旋转机械故障诊断的另一个研究热点和难点。能完成这项任务的技术就是特征选择,深入研究特征选择技术对提高机械故障描述的精准性和故障诊断的有效性是至关重要的。

3.2 特征选择的基本思想和研究现状

特征选择作为一种最常用的特征降维方法,是模式识别的研究热点之一[151-152]。特征选择是通过一定的搜索策略和评价技术从一组特征中选取最有利于模式表征和识别的最小有效特征子集,其目的是去除冗余的和不相关的信息,通过更为稳定的特征表示,提高决策机器的泛化能力、可理解性和计算效率[151-152]。特征选择不仅可以使样本之间的固有联系的研究更加简易,同时可以避免"维数灾难"的发生,因此,特征选择是决定样本之间相似度控制和分类器设计的关键基础[151-152]。

确定关键变量组,即优化特征子集。首先,必须有一个合理有效的搜索策略;要确定特征子集的有效性,明确优化后的特征子集是否可以胜任研究对象的准确表征,就必须设计一套行之有效的评价准则。因此,搜索策略和评价准则是特征选择技术最为关键的基础,国际上对特征选择技术的研究也主要集中在搜索策略和评价准则两个方面[151]。

特征选择技术的搜索策略一般包括穷举式搜索、随机搜索和启发式搜索三大类。穷举式搜索通过比较每一个可能的特征子集,选择最优特征子集,因此,穷举式搜索一定可以得到全局最优特征子集,但是穷举式搜索计算开销巨大,尤其是当特征数目较大时,其计算时间很长,其中,分支定界法[151,153]通过剪枝处理可以有效缩短计算时间。随机搜索首先随机生成一个特征子集,然后根据设计好的启发式规则不断添加或者删除某些特征,直到特征子集满足一定的条件,它只能无限接近全局最优,不一定能找到全局最优,随机搜索在计算过程中把特征选择问题与模拟退火、禁忌搜索、遗传算法、粒子群算法等智能算法相结合[151,154],以概率推理和采样过程作为算法基础,以特征评价值决定特征的取舍。启发式搜索[151,155]避免了穷举式搜索的大量不必要特征子集的评价,同时也避免了随机搜索的不确定性,是一种最受欢迎的特征搜索策略,简单高效,只是容易陷入局部最优。

特征评价准则主要包括过滤式评价和封装式评价[151,156]。在过滤式评价方法[151,157]中,特征子集的评价只依据数据集的内在特性,与学习算法不相关,过滤式评价擅长迅速排除大量无效特征,聚集有效特征,具有很好的计算效率,用作特征预选器非常好;但是,过滤式评价无法找到最优特征子集,在分类器对特征影响较大的情况下,过滤式评价效果更差。封装式评价[151]准则在特征选择时依赖于具体的学习算法,它需要不停地训练学习器,根据测试集和学习器的相互配合的效果评价特征子集的优劣。因此,封装式评价准则的计算效率比较低,但是它所选取的特征子集的规模会相对较小。目前,封装式评价准则是特征选择领域研究的热点。因此,过滤式评价准则时间消耗小,但效果不佳;封装式评价准则效果较好而时间消耗大。由于过滤式评价准则和封装式评价准则是两种互补的模式,不少学者提出基于二者结合的特征选择算法[151],首先根据过滤式评价准则设计特征预选器,快速剔除大部分的冗余不相关信息,减小特征优化的规模;然后再根据封装式评价准则设计特征精选器,完成特征选择。

由上可知,一是只要设计合理有效的启发式规则,就可以使启发式搜索策略获得与全局最优搜索和随机搜索相近的搜索效果,而启发式搜索却能很好地控制计算开销;二是过滤式评价准则算法效率高但效果欠佳,封装式评价效果好但计算开销大。过滤式与封装式结合的方法才是研究的热点。在此基础上,本书结合旋转机械轴系故障本身的特征,提出一种基于分类树的分层特征选择方法。该方法以启发式搜索为特征选择策略,以过滤式评价准则决定特征的优劣和取舍,从而很好地控制了算法的时间消耗。另外,该方法以有效性补充为原则设计启发式规则,从全局上保证特征子集的有效性和控制特征子集的大小,相当于将封装式的评价思想蕴含在启发式规则中,从而保证特征选择的效果。

3.3 基于分类树的分层特征选择方法的提出

从第 2 章实验结果可知,通过经验模态分解提取的旋转机械轴系故障特征存在特征数量大、冗余不相关信息多和模式混叠等现象。经过仔细分析特征散点图可以发现:

①某些特征对某些故障具有绝对的区分性。

②任何两种不同的故障之间至少都有一项特征有非常明显的区别。

③大部分特征对样本的区分效果是相似的。因此,如果特征子集能够保证任何两种类型的故障都能很好地被区分,且区分效果相似的特征只保留区分效果最好的一项,那么特征子集一定能够满足区分效果好和特征数目小这两项要求。

传统的特征选择方法不能保证得到上述优化特征子集,另外,传统的特征选择方法无法确定最优特征子集的最小规模,这直接导致在特征选择的过程中计算复杂度大大增加,且不能保证找到最小的最有效特征子集。相反,人脑却能很智能地完成这种分类。人类大脑处理这种复杂的分类问题一般采用以下流程:

①选取当前样本总体空间在某种标准下具有最好区分性的特征,根据样本空间中所有样本的该特征取值,将样本总体空间裂解成多个子样本空间。

②对各子样本空间,如果它只包含一种类型的样本,就结束分类;反之,则对它进行第一步操作,将其进一步分类。

③对所有样本子空间递归执行第一、二步操作,直到不存在包含多余一种类别样本的子样本空间,分类结束。

如图 3.1 所示的人脑处理球类分类过程:首先,根据形状将 4 种球分成两类;羽毛球已经是独自一组,不用再分,对球形球类(网球、足球和篮球),再根据大小将其分为两类;至此,网球被分离出来,不用再分,而对大型球形球类(足球和篮球),根据花纹可将其分开。这个分类过程中用到了 3 项特征,少了其中任何一项都无法完成分类。其实这个分类的过程中蕴含了一种非常优秀的特征选择机制,这种特征选择机制具有以下 4 个特点:

①采用启发式搜索策略。

②以有效性指导特征选择,有效性评价采用的是过滤式评价准则。

③以性能补充为原则补充特征子集,保证了特征子集的全局区分能力,其实是将封装式评价的目的蕴含在启发式规则中。

④计算效率高、特征子集小、区分性能好。

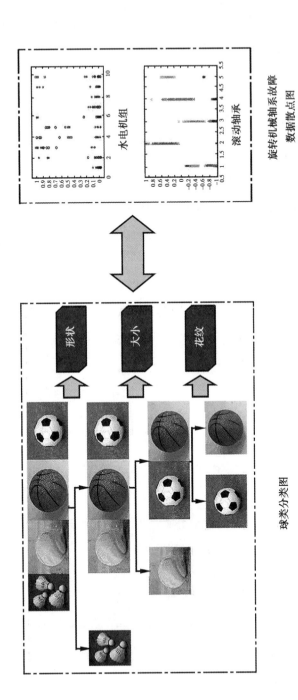

图3.1 人脑处理球类分类过程

从图 3.1 中还可以看出,旋转机械故障分类(水电机组和滚动轴承)与球类分类之间有着非常一致的特征,因此,如果能将人脑处理球类分类问题过程中的特征选择机制提炼出来,应用于旋转机械故障诊断,那么一定可以取得非常满意的结果。基于以上分析,本书将人类处理复杂分类问题的分层分类过程中蕴含的特征选择机制加以提炼,进行数学分析和机器实现,从而提出了基于分类树的分层特征选择方法。

3.4　基于分类树的分层特征选择方法的基本原理和算法

为了模仿人脑分层分类的过程,提炼其中优秀的特征选择机制,可取得较好的特征选择效果和模式分类效果,本节提出了基于分类树的分层特征选择方法。

3.4.1　基于分类树的分层特征选择方法的基本思想

基于分类树的分层特征选择方法的基本思想是:对当前复杂样本空间,选择在某种评价标准下最有效的特征,首先将样本空间分散成若干个较小较简单的子样本空间,然后对每一个包含多个种类样本子样本空间也做类似操作,直到所有子样本空间都只包含一种类型的样本,把整个分类过程中所用到的特征记录下来,就是特征选择所找到的优化特征子集。

基于分类树的分层特征选择方法的流程如图 3.2 所示,其具体执行步骤如下:

第一步:依据设定的评价准则,评价每一项特征,求得其评价值。

第二步:选取评价值最优的那一项特征作为样本空间的关键特征 f_s,将其

加入优化特征子集 f_{ss}。

第三步:根据 f_s 的值,将样本空间裂解成多个样本子空间,以样本空间为根节点,样本子空间作为叶子节点,建立分类树。

第四步:按照广度优先或者深度优先的原则检查分类树的叶子节点是否只包含一种类型的样本,若是,则检查下一个叶子节点;若不是,则将此叶子节点当作样本空间,重复步骤一至步骤四。

第五步:叶子节点检查完毕,结束特选择程序,f_{ss} 即为所求的优化特征子集。

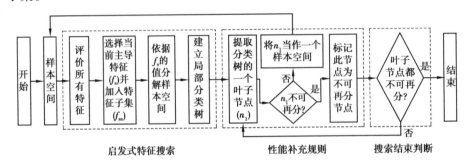

图 3.2　基于分类树的分层特征选择方法的流程图

基于分类树的分层特征选择方法,采用启发式搜索策略,以特征评价值和已选特征对总样本空间的影响指导后续特征的补充,特征评价采用过滤式的评价准则,特征增加以性能补充为原则。启发式的搜索策略和过滤式的评价方法有效降低了时间消耗,简化了计算的复杂度,以特征评价和性能补充为依据的启发式规则又保证了特征选择的效果,因此,基于分类树的分层特征选择方法是一种在效果和效率上取得双赢的方法。

3.4.2　启发式搜索策略

在基于分类树的分层特征选择方法中,启发式搜索策略体现在以下两个方面:一方面,以各项特征的评价值决定特征的取舍,采用过滤式评价准则评价每一项特征,以评价值启发特征的选择;另一方面,用已选特征子集的不足指导后续的特征补充,用已经被选的特征子集分析样本空间,找出已选特征子集有什么缺陷,根据已选特征子集的不足补充特征。

其中,启发式规则一方面将盲目的特征试探变成有依据的特征选择,提高了特征选择的效率;另一方面以性能缺陷指导特征补充,摒弃封装式评价准则的不断试探和评价,从特征选择机制上保证了优化特征子集的有效性。

3.4.3　单项特征评价

在基于分类树的分层特征选择方法中,特征评价是为了指导特征的选择,而特征选择是为了更好地实现模式表征和模式识别,在模式表征和模式识别中,一项特征是否重要关键取决于类别间的分散性和类别内的紧凑性这两项指标。由于本书讨论的旋转机械故障诊断问题都是较为复杂的模式识别问题,不可能有某一项特征同时具有非常完美的类别间的分散性和类别内的紧凑性。因此,本书采取样本空间分层分类的方法选取特征,特征评价应考虑的是样本空间被分解成的子样本空间的子空间之间的分散性和子空间内的紧凑性。

（1）单项特征评价准则

评价准则同时考虑了子空间内的紧凑性和子空间之间的分散性,由于方差一般常用来描述离散性变量分布是否紧凑,因此也常用来描述同一种类样本的特征值分布的紧凑性[158],本书也用方差来描述子空间内的紧凑性:

$$D_i = \frac{1}{n} \left[(x_{i1} - \overline{x_i})^2 + (x_{i2} - \overline{x_i})^2 + \cdots + (x_{in} - \overline{x_i})^2 \right] \tag{3.1}$$

式中　n——子空间中样本的数目;

$x_{i1}, x_{i2}, \cdots, x_{in}$——各个样本的特征值;

$\overline{x_i}$——子空间中所有样本的特征值的均值。

子空间之间的分散性是评价准则必须考虑的另一个重要因素,本书用两个

子空间中样本之间的最小距离来描述它,如式(3.2)和式(3.3):

$$D_{ij} = \min_{i \neq j} \| x_{ia} - x_{ja} \|^2 \tag{3.2}$$

$$D = \min_{i \neq j} D_{ij} \tag{3.3}$$

式中　x_{ia}——第 i 个子样本空间中的一个样本的特征值;

　　　x_{ja}——第 j 个子样本空间中的一个样本的特征值;

　　　D_{ij}——用来描述第 i 个子样本空间和第 j 个子样本空间之间的分散性;

　　　D——特征 x 对所有子样本空间的分散性。

子空间内的紧凑性和子空间之间的分散性是决定特征优劣的关键因素,由于其特征能将样本空间分成的子样本空间的数目也是衡量特征优劣的另一个要素,因此,本书的特征评价准则同时考虑这 3 项因素,用式(3.4)作为特征评价函数[152]:

$$V = \frac{\sum_{i=1}^{N} D_i}{N \times D} \tag{3.4}$$

式中　D_i——子空间内的紧凑性,其值越小,子空间的紧凑性越好;

　　　D——子空间之间的分散性,其值越大,子空间之间的分散性越好;

　　　N——此项特征能将样本空间分解成的子样本空间的数目,子空间越多说明特征对样本空间的分解能力越强。

(2)单项特征评价流程

单项特征评价流程如图 3.3(a)所示,首先是样本空间的分解,对每一项特征,依照其特征值,按照如图 3.3(b)所示的方式,将样本空间分解成若干个样本子空间;然后按照式(3.4)和图 3.3(c)计算各项特征的评价值;最后选择特征评价值最小的那一项特征作为本样本空间的关键特征。

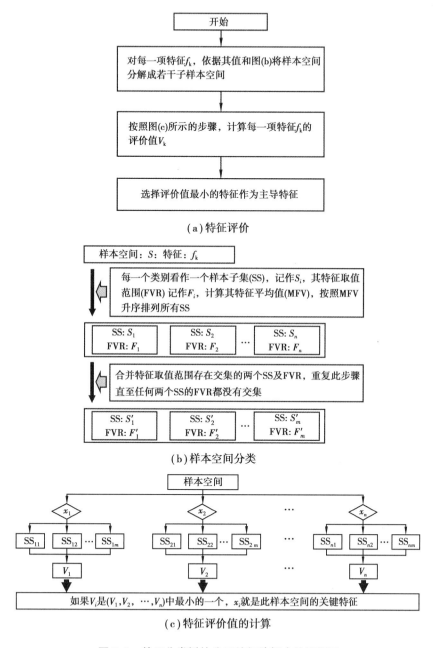

（a）特征评价

（b）样本空间分类

（c）特征评价值的计算

图3.3　基于分类树的分层特征选择方法流程图

3.4.4 所选特征集的评价方法

对由分类树每一个非叶子节点处得到的关键特征组成的优化特征子集,它对样本的分类性能如何,本书采用 Xie-Beni 指标[152,159]进行评价,如式(3.5)。Xie-Beni 指标用分子表示类别内部的紧致性,用分母表示类别之间的分散性,它对特征子集有效性的评价同时考虑了类别内部的紧致性和类别之间的分散性,是一种常用的特征子集有效性的评价方法。

欧拉距离[160]常用来衡量特征子集对样本的区分能力,如式(3.6)。相对于Xie-Beni 指标,欧拉距离计算更为简单方便。对区分性能好的特征子集,欧拉距离就能很好地反映特征子集的优劣。类内平均欧拉距离越小,类间平均欧拉距离越大,特征子集对样本的表征能力就越强。

$$V_{\mathrm{XB}} = \frac{\sum_{i=1}^{c} \sum_{j=1}^{N} \mu_{ij}^{m} \| x_j - v_i \|^2}{n(\min_{j \neq k} \| v_j - v_k \|^2)} \tag{3.5}$$

$$d_{ij} = \frac{1}{h \times k} \sum_{m=1}^{h} \sum_{n=1}^{k} \mathrm{MSE}(i(m), j(n)) \tag{3.6}$$

式中 d_{ij}——第 i 类样本和第 j 类样本之间的平均欧拉距离;

h, k——第 i 类和第 j 类中样本的数目;

$\mathrm{MSE}(i(m), j(n))$——不同类别的两个样本之间的欧拉距离。

3.4.5 基于分类树的分层特征选择方法的总结

为了模仿人脑处理复杂分类问题的模式,将人脑分层分类过程中蕴含的特征选择机制提炼出来用于处理旋转机械故障诊断问题的特征选择,本书提出了基于分类树的分层特征选择方法。该方法采用启发式搜索策略,以特征评价指导特征选择,具有过滤式评价方法一样的高效率;以性能补充为另一启发式规则,指导特征子集的补充,将对优化特征子集的评价嵌入特征选择机制中,从而保证了优化特征子集的效果;具有计算效率高,所得优化特征子集小,子集区分能力强的特点,是一种非常优秀的特征选择方法。

3.5　实例应用

为了验证本特征选择方法的有效性,本书将其应用在水电机组和滚动轴承的故障诊断中,试验过程与效果展示如下。

3.5.1　水电机组故障诊断

对表 3.1 的水电机组故障数据[150, 161],首先采用基于分类树的分层特征选择方法选择优化特征子集,其次用优化特征子集表征水电机组的各种故障,最后将水电机组各种故障的优化特征向量输入概率神经网络进行故障诊断。

表 3.1　水电机组故障数据

故障类别	故障征兆									
	x_1	x_2	x_3	x_4	x_5	x_6	x_7	x_8	x_9	x_{10}
	$0.18f$	$0.5f$	$1f$	$2f$	$3f$	$>3f$	上导	下导	水导	上支架
F1	0.01	0.08	0.98	0.09	0.02	0.02	0.11	0.02	0.02	0.03
	0.05	0.06	1.00	0.05	0.04	0.02	0.13	0.07	0.02	0.05
	0.02	0.03	0.92	0.02	0.02	0.05	0.10	0.04	0.03	0.09
	0.05	0.02	0.91	0.08	0.01	0.02	0.12	0.03	0.16	0.09
F2	0.01	0.02	0.80	0.98	0.80	0.02	0.02	0.01	0.02	0.01
	0.02	0.04	0.88	0.92	0.82	0.03	0.05	0.01	0.01	0.04
	0.05	0.04	0.89	0.94	0.84	0.05	0.04	0.03	0.02	0.03
	0.03	0.01	0.68	0.63	0.69	0.26	0.02	0.20	0.06	0.09
	0.01	0.05	0.83	0.98	0.79	0.03	0.02	0.02	0.03	0.03
F3	0.07	0.08	0.98	0.50	0.50	0.03	0.05	0.04	0.05	0.99
	0.05	0.09	0.97	0.47	0.49	0.04	0.05	0.07	0.03	0.99
	0.08	0.10	0.98	0.49	0.54	0.07	0.06	0.06	0.06	0.97
	0.07	0.20	0.89	0.45	0.48	0.01	0.09	0.06	0.07	0.85

续表

故障类别	故障征兆									
	x_1	x_2	x_3	x_4	x_5	x_6	x_7	x_8	x_9	x_{10}
	$0.18f$	$0.5f$	$1f$	$2f$	$3f$	$>3f$	上导	下导	水导	上支架
F4	0.08	0.82	0.10	0.07	0.05	0.98	0.12	0.07	0.93	0.22
	0.06	0.80	0.15	0.06	0.09	0.97	0.16	0.14	0.96	0.24
	0.13	0.81	0.14	0.05	0.06	0.98	0.19	0.09	0.97	0.21
	0.05	0.95	0.11	0.02	0.01	0.98	0.01	0.07	0.88	0.12
	0.08	0.80	0.15	0.05	0.05	0.96	0.16	0.09	0.93	0.24

基于分类树分层特征选择的水电机组故障诊断流程如图 3.4(a)所示;优化特征子集对比如图 3.4(b)所示;特征子集的 Xie-Beni 指标参数对比见表 3.2;故障诊断结果见表 3.3。

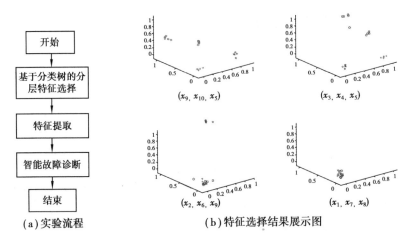

(a)实验流程　　　　(b)特征选择结果展示图

图 3.4　水电机组故障诊断流程及特征选择结果图

表 3.2　水电机组故障数据 Xie-Beni 指标参数

特征子集	(x_9, x_{10}, x_5)	(x_3, x_4, x_5)	(x_2, x_6, x_9)	(x_1, x_7, x_8)	$(x_1, x_2, \cdots, x_{10})$
Xie-Beni 指标	0.267 9	0.279 7	4 675.0	1 344.375 0	148.195 9

表 3.3 水电机组故障诊断结果

故障类型	F1	F2	F3	F4
故障识别率/%	100	100	100	100

如图 3.4(b)所示,(x_9, x_{10}, x_5)是通过基于分类树的分层特征选择方法搜索的优化特征子集;(x_3, x_4, x_5),(x_1, x_7, x_8)和(x_2, x_6, x_9)是从特征集中随机抽取的特征子集,它们都与优化特征子集具有相同的维度;$(x_1, x_2, \cdots, x_{10})$是特征全集。从图 3.4(b)中可以看出,由基于分类树的分层特征选择方法得到的特征子集可以完全明确地将四类故障分散,随机选取的特征子集有可能完全不能分散 4 种故障;表 3.2 显示,由基于分类树的分层特征选择方法得到的特征子集具有最小的 Xie-Beni 指标,而随机选取的特征子集有可能具有非常大的 Xie-Beni 指标,特征全集具有非常大的 Xie-Beni 指标,这表明优化特征子集对水电机组故障数据具有非常优秀的区分性能。因此,基于分类树的分层特征选择方法可以给水电机组故障诊断建立非常有效的数据基础。表 3.3 显示,4 种故障的准确识别率均为 100%,这充分证明了由基于分类树的分层特征选择方法得到的特征子集对水电机组故障表征的有效性。

综上所述,对水电机组故障的诊断问题,基于分类树的分层特征选择方法,以较小的特征子集有效实现了故障的准确表征和诊断,不仅通过启发式搜索策略和过滤式评价准则简化了特征选择和故障诊断的复杂度,减小了计算开销,还通过性能补充的启发式规则从选择机制上保证了优化特征子集的有效性,从而为故障表征和故障识别准备了优秀的数据基础,从而减少故障表征不准确导致的误差,保障了故障表征和故障识别的准确性。对水电机组故障诊断,基于分类树的分层特征选择方法是一种优秀的数据预处理方法。

3.5.2 滚动轴承故障诊断

对表 2.2 的滚动轴承故障数据[150],根据第 2 章提出的 UEE-EMD 分解方法将每一条故障数据进行分解分析,可以得到一系列的本征模函数;取前 5 个本征模函数,并计算每一个本征模函数的 20 项时频特征(表 2.3);这对每一条滚动轴承故障数据,可以得到 100 项时频特征,并用这 100 项时频特征表征每一个样本,滚动轴承故障数据样本的相关参数见表 3.4。

表 3.4　滚动轴承故障数据样本的相关参数

类别标签	故障位置	缺陷程度	故障样本数目	特征集大小
1	外环	0.007	118	100
2	内环	0.007	118	100
3	滚珠	0.007	118	100
4	外环	0.014	118	100
5	内环	0.014	118	100
6	滚珠	0.014	118	100

由于用于表征样本的这 100 项特征中绝大部分的特征是冗余的或者是对故障分类没有贡献的,本章在第 2 章的基础上提出了基于分类树的分层特征选择方法,并将其应用于滚动轴承故障诊断。对表 3.4 的滚动轴承原始故障数据,首先采用基于分类树的分层特征选择方法选择优化特征子集,其次用优化特征子集表征滚动轴承的各种故障,最后将滚动轴承各种故障的优化特征向量输入概率神经网络进行故障诊断。

基于分类树分层特征选择的滚动轴承故障诊断流程如图 3.4(a)所示,与水电机组故障诊断相同,一共有 6 种故障,每种故障有 118 条样本数据,每一条故障数据都有一个包含 100 项特征的特征集;优化特征子集为 $(f_2, f_6, f_{19}, f_{32}, f_{95})$,优化特征子集散点图对比如图 3.5(b)所示;特征子集的平均欧拉距离对比见表 3.5;故障诊断结果见表 3.6。

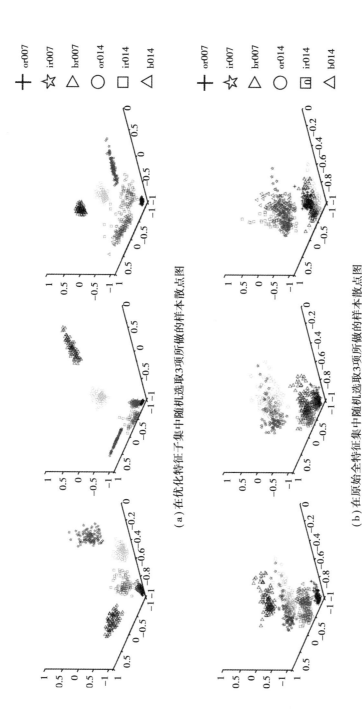

（a）在优化特征子集中随机选取3项所做的样本散点图

（b）在原始全特征集中随机选取3项所做的样本散点图

图3.5　滚动轴承故障特征选择结果散点对比图

表3.5　滚动轴承故障数据优化特征子集的平均欧拉距离

平均欧拉距离	1	2	3	4	5	6
1	0.081 0	1.530 5	1.563 9	0.654 4	0.871 1	0.986 0
2	1.530 5	0.282 9	1.888 2	1.258 3	0.992 7	1.450 9
3	1.563 9	1.888 2	0.269 7	1.382 9	1.546 3	1.555 2
4	0.654 4	1.258 3	1.382 9	0.164 6	0.965 9	1.154 0
5	0.871 1	0.992 7	1.546 3	0.965 9	0.376 8	0.689 4
6	0.986 0	1.450 9	1.555 2	1.154 0	0.689 4	0.285 4

表3.6　滚动轴承故障诊断结果

故障表征方式	平均准确率 /%	平均特征提取时间 /ms	平均训练时间 /ms	平均诊断时间 /ms
全特征子集 $(x_1, x_2, \cdots, x_{100})$	96.47	2 669	1 374	1 114
优化特征子集 $(x_2, x_6, x_{19}, x_{32}, x_{95})$	95.87	223	382	256

　　$(x_2, x_6, x_{19}, x_{32}, x_{95})$是通过基于分类树的分层特征选择方法搜索的优化特征子集,$(x_1, x_2, \cdots, x_{100})$是原始特征全集。如图3.5(a)所示的是在优化特征子集$(x_2, x_6, x_{19}, x_{32}, x_{95})$中随机选择3项特征所做的样本散点图,在其所示的3幅散点图中,不同类别的故障数据的分布都相当分散,同一类别的故障数据的分布相对集中,这就使得不同类别的故障数据在空间分布上有相当明显的界限,这就说明优化特征子集中对故障数据的区分效果是非常优秀的;如图3.5(b)所示的是在原始特征全集$(x_1, x_2, \cdots, x_{100})$中随机选择3项特征所做的样本散点图,在其所示的3幅散点图中,虽然不同类别的故障数据的分布也相对分散,但是还存在严重的分布混叠现象,同一类别的故障数据的分布不太集中,这就说明特征全集中存在大量的无效或者有效性不高的特征,这些特征的存在

会增加计算量和时间消耗,严重影响了故障分类的效率。

表 3.5 是用优化特征子集表征的故障样本之间的平均欧拉距离。其中,对角线上的黑体数据表示的是同一类别的样本之间的平均欧拉距离,最大值是 0.376 8,平均值是 0.229 9,与表中其他数据相比,这些数据值都非常小,这说明同一类别的故障样本的分布相对集中;其他数据都表示不同类别样本之间的平均欧拉距离,其最小值是 0.654 4,平均值是 1.232 6,与对角线上的数据相比,这些数值相对很大,这说明不同类别的样本之间存在明显的距离。

图 3.5 和表 3.5 都明确地显示出,采用基于分类树的分层特征选择方法选取的优化特征子集表示故障样本时,同一类别的故障样本分布非常集中,不同类别的故障样本分布相对分散,使不同类别的故障样本在空间分布上存在明显的界限,这充分说明了优化特征子集对故障样本分类的有效性,势必会给后续故障诊断提供一个非常适用的数据基础,确保故障诊断的准确率。另外,因为原始特征全集包含 100 项特征,而优化特征子集只包含 5 项特征,所以优化特征子集大大降低了特征向量的维度,减小了计算的复杂度和计算的时间消耗,可以保证后续故障诊断的高效性。

表 3.6 列出了滚动轴承故障诊断结果,其中,两种不同的故障表征方法进行诊断时所用的分类方法都是概率神经网络,运行环境也相同。优化特征子集表征故障时的诊断准确率是 95.87% ,而用原始特征全集表征故障时的诊断准确率是 96.47% ,虽然优化特征子集的诊断准确率不及原始特征全集,但是已非常接近,这说明用优化特征子集表征故障样本基本不影响故障诊断的效果;但是在特征提取时间、分类器训练时间和故障诊断时间上,优化特征子集极大地减小了时间消耗,这说明利用优化特征子集表征故障样本可以提高故障诊断的效率。

综上所述,对滚动轴承故障诊断问题,基于分类树的分层特征选择方法,不仅降低了特征向量的维度,具有极简单的特征选择计算过程,从特征选择和故障诊断两个方面降低了计算开销,同时还通过性能补充的启发式规则从选择机制上保证了优化特征子集的有效性,从而为故障表征和故障识别准备了优秀的数据基础,减少了故障表征不准确导致的误差,在提高运算效率的同时保障了故障表征和故障识别的准确性。对滚动轴承故障诊断,基于分类树的分层特征选择方法是一种非常适用的数据预处理方法。

3.6 本章小结

基于分类树的分层特征选择方法,采用启发式的搜索策略和过滤式的评价准则,其搜索策略和评价准则都具有很好的计算效率,这种结合方式保证了特征选择本身的高效性。同时,采用以性能补充为指导的启发式规则,这从特征选择的机制上保证了优化特征子集的健壮性。健壮的特征子集,不仅可以为后续的故障表征和故障诊断提供一个非常有效的数据基础,而且间接地保证了故障表征和故障诊断的准确性;同时,特征选择剔除了大量的无效信息,极大地减少了故障诊断中的不必要计算,有效降低了其时间开销,为故障诊断提供了一个节约时间的数据基础,有利于保证故障诊断的时效性。综上可知,无论是从特征选择算法本身来看,还是从对后续故障诊断的影响来看,基于分类树的分层特征选择方法都是一种兼顾有效性和高效性的特征选择方法,是故障诊断过程中的一种实用性很强的数据预处理技术。

虽然基于分类树的分层特征选择方法成功地模仿和实现了人脑分层分类过程中所蕴含的特征选择机制,在运算效率上取得了较大的提升。但是特征选择方法不可避免地损害了故障表征的全面性,从而不能实现分类准确性的突破,甚至会降低诊断的准确性。因此,基于分类树的分层特征选择方法并没有成功实现人脑分层分类中的所有优秀机制。如何进一步模仿人类在分层分类过程中的特征选择、组织和应用机制,取得分类效率和准确率的同时突破,是一个非常值得研究的切入点。

第 4 章　基于关联特征向量的故障诊断方法

4.1 引 言

从第 1 章的概述可知,由于旋转机械故障与故障成因和故障征兆之间的关系都是错综复杂的。因此,只有大范围提取各种可能反映故障状态的信息,才能完成故障的全面表征。然而,在不知道哪些特征能够有效表征故障的情况下,必须尽可能多地提取信号特征,这就导致了所提取的特征集中绝大部分特征都是冗余的,它们对故障的表征和分类是没有效果或者是效果甚微的。大量冗余特征的存在,不仅增加了特征提取的时间消耗,而且还直接增加了故障分类的计算量,甚至导致有效特征被淹没,直接影响故障表征和故障分类的准确性。鉴于以上原因,第 3 章提出了基于分类树的分层特征选择方法,它能很好地去除冗余信息,可以得到非常有效的特征子集,同时提高了特征选择和后续故障分类的计算效率,是一种对旋转机械故障特征选择非常有效的方法。只是这种特征选择方法仍有可能限制故障诊断的准确率。

基于分类树的分层特征选择方法是模仿人脑分层分类思想提出的,它成功提取了人脑分层分类过程中的特征选择机制,却不能得到与人脑分层分类一样优秀的故障诊断准确率。其关键原因在于它们对优化特征子集中各项特征的组织和应用机制有差别:在传统的单层机器分类中(如本书所用的概率神经网络方法),将所有的特征平等对待,不能发挥各项特征对分类的最大贡献;在人脑分层分类中,各项特征在分类树中出现的先后和位置都是根据每一个节点分类的需要决定的,因此,各项特征的优先级和重要性是不一样的,决定这种不同的特征优先级和重要性的是各项特征对不同故障的不同表征能力,人脑分层分类方法充分挖掘了各项特征的表征能力,将各项特征对分类的贡献发挥到极致,取得了非常出色的分类准确率。因此,设计有效的特征组织和使用机制,可以充分挖掘特征对故障的表征能力,势必可以取得诊断准确率的突破,为了实现这一目标,本章提出了关联特征向量。

4.2　常用的特征组织模式

　　不同的特征组织机制可以使相同的特征子集取得不同的分类效果,优秀的特征组织机制可以充分挖掘每一项特征对分类的最大贡献,从而取得最出色的分类效果。常用的特征组织模式主要包括单层分类特征组织机制、特征加权机制和分层分类特征组织机制。

4.2.1　单层分类特征组织机制

　　在传统的单层分类中,特征组织机制就是将用于表征样本的所有特征项放在一个集合中,组成一个特征向量[162]或者特征矩阵[148],用一个具体的特征向量或者特征矩阵表示一个具体的样本。在这种方式中,所有的特征项的地位是一样的,分类过程以同样的权重和方式处理每一项特征。由于单层分类特征组织机制平等对待特征向量中的所有特征,不能充分挖掘有效特征对分类的最大贡献,因此,只有在特征向量对不同类别样本区分能力非常好的情况下,单层分类特征组织机制才能取得较好的分类效果,当特征向量对不同类别样本区分能力不理想时,单层分类的效果将受到极大的限制。

4.2.2　特征加权机制

　　特征加权机制[163]是对单层分类特征组织机制的一种改进。首先通过对样本各项特征进行一定分析,探索出每一项特征对分类的重要性,然后根据重要性的不同,设计一定的加权规则,给每一项特征一个固定的权值。这样,在分类过程中,不再平等对待每一项特征,而是按照权值对待每一项特征,对分类贡献大的特征的效果就会相对被放大,而对分类贡献小的特征的效果就会被相对缩小[160]。特征加权机制可以挖掘不同特征对分类的不同贡献,合理放大有效性强的特征的表征效果,缩小有效性弱的特征效果,在一定程度上增强了特征向量对样本的表征和区分能力,可以有效提高分类准确率[160]。特征加权机制挖掘了不同特征对分类的不同贡献,却忽略了同一特征对不同类别的样本的不同表征能力,还是没有充分发挥特征对样本的表征能力。

4.2.3 分层分类特征组织机制

分层分类的基本模式:首先选择最优特征和最明显的分界线将样本空间分成若干个子样本空间,然后对每个子空间做相同的操作,直到所有子空间都只包含一种类别的样本。很显然,在分层分类中,在不同的层次和同一层次不同的分类点上所用的特征都是不同的,而具体的一项特征不一定对每一种类别的样本的分类都有贡献。因此,分层分类特征组织机制不仅挖掘了不同特征对分类的不同贡献,还进一步挖掘了同一特征对不同类别的样本的不同表征能力,将每一项特征对分类的贡献发挥到极致,同时,对任意一种类别的样本,都能巧妙地屏蔽掉多余特征对该类别分类的影响。综上所述,分层分类特征组织机制最能充分地挖掘不同特征对不同样本的不同表征能力,可以将特征对分类的贡献发挥到极致,是最可取的特征组织机制。然而,分层分类模式却增加了分类算法的复杂度,这势必会增加算法设计的难度和算法执行的效率。

4.3 关联特征向量的提出

由第3章和4.2节可知,优秀的特征组织机制可以充分挖掘每一项特征对分类的最大贡献,以取得出色的分类效果。在4.2节中,3种特征组织机制的比较说明:分层分类特征组织机制势必取得最优秀的分类效果,是最可取的特征组织机制。只是分层分类模式增加了分类算法的复杂度,这势必会增加算法设计的难度和算法执行的效率。如果将分层分类特征组织机制和单层分类模式结合起来,利用分层分类特征组织机制可以充分发挥每一项特征对分类的贡献,屏蔽多余信息对分类的干扰,可以保证分类的效果,而单层分类模式的算法设计简单、运算迅速,可以保证分类的效率,因此,这势必是一种非常优秀的分类机制。

鉴于以上分析,本书在深入研究分层分类特征组织机制的基础上,设计出一种新的故障表征方法——关联特征向量。关联特征向量以其新奇而独特的结构将分层分类特征组织机制蕴含在其中,既可以充分挖掘各项特征对不同故障的不同表征能力,也可以根据样本本身的特征自适应地屏蔽多余特征对样本分类的影响,完全实现了分层分类特征组织机制的优秀特征组织能力。此外,关联特征向量还具有与常规单层分类特征向量相同的外部结构,可以直接用单层分类方法实现分类。因此,关联特征向量的提出,成功实现了分层分类特征组织机制和单层分类模式的结合,同时取得了故障诊断效果和效率的同步提升。

关联特征向量的结构如图 4.1(a)所示,一个关联特征向量由一个主导特征和若干个依赖特征组成,其中,主导特征有且只有一个,由一个具体的特征项组成,且不能为空;依赖特征数目不定,可以为 0,每一个依赖特征都是一个关联特征向量。

在关联特征向量中,主导特征与依赖特征之间的关系并不是平等的,它们之间存在以下关系:

①因为主导特征决定依赖特征的数量,依据主导特征的值可以将样本空间分成若干个子样本空间,而每一个子样本空间的继续分解会产生 0 个或者 1 个关联特征向量,所有子样本空间继续分解产生的关联特征向量就是依赖特征向量,所以依赖特征向量的数目小于或者等于样本空间被主导特征分解成的子样本空间的数目。

②主导特征间接决定依赖特征的组成,主导特征决定样本空间的被分解的子样本空间的组成,子空间的组成决定本子空间的关联特征向量(即某个依赖特征向量)。

③对任何一个具体的样本,没有或者只有一个依赖特征是有效的,其他依赖特征都是无效的。

依赖特征之间没有联系,但是依赖特征之间有可能相互干扰,例如,对一个具体的样本数据,无效依赖特征对它的表征和分类是没有必要的,甚至会产生干扰。因此,必须想办法屏蔽依赖特征之间的干扰。对任何一个具体的样本数据,其无效依赖特征所包含的每一个特征都给定一个相同的定值,只要这个定值设置得合理,不仅可以屏蔽依赖特征之间可能产生的相互干扰,还可以放大不同类别的样本之间的差异,可以大大增强关联特征向量对故障数据的表征能力,提高故障诊断的准确率。

如图4.1(b)所示的是图4.1(a)中4种球的关联特征向量:对羽毛球,只需要形状一个特征就能将其清楚地分离出来,因此,羽毛球的关联特征向量只包含一个主导特征,所有的依赖特征都是无效的;对网球,形状是主导特征,大小是有效的依赖特征,花纹是无效的依赖特征;对足球和篮球,形状是主导特征,大小和花纹都是有效的依赖特征,没有无效的依赖特征。

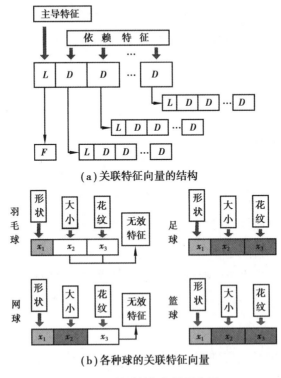

(a)关联特征向量的结构

(b)各种球的关联特征向量

图4.1　关联特征向量示意图

4.4　关联特征向量的应用

虽然关联特征向量是一种非常优秀的故障特征组织和故障表征方式,但是,要成功地将关联特征向量应用于故障诊断,还必须解决两个问题:一是对一个具体的故障样本空间,如何确定其主导特征、依赖特征以及它们之间复杂的联系,即建立其关联特征向量的组成结构和逻辑结构。二是对一个具体的故障样本空间,当知道其关联特征向量的组成结构和逻辑结构时,如何提取每一个样本的关联特征向量。

4.4.1　关联特征向量结构的建立

关联特征向量结构包括组成结构和逻辑结构两个部分,其中,组成结构是指关联特征向量由哪些特征组成及这些特征的排列顺序,逻辑结构是指关联特征向量中各个特征项之间的内在联系。因此,关联特征向量的结构建立也包括组成结构的建立和逻辑结构的建立两个部分。

(1)关联特征向量组成结构的建立

关联特征向量是一种自适应的故障表征方式,其结构本身就蕴含着故障样本的内在联系,因此,要想建立合理有效的关联特征向量结构,必须先分析一定量的样本数据,以探索各故障样本之间的内在联系。

关联特征向量组成结构建立的过程如图 4.2 所示,对一个样本空间,首先按照一定的搜索规则求取其主导特征(L),并确定主导特征的若干个相互独立且相互无交集的取值区间。然后,将样本空间中所有的样本数据,依据其主导特征的值,按照如图 4.2 所示的规则归入某一个子样本空间中,这样,样本空间就被分解成若干个子样本空间。对每一个子样本空间,如果它只包含一种类别的故障样本,那么它的关联特征向量为空并被丢弃,不需要求取;如果它包含多余一种类别的样本,则将其视为一个样本空间,按照如图4.2所示的方法求取其关联特征向量。最后,将所求得的所有子样本空间的关联特征向量作为关联特征向量的依赖特征装入关联特征向量中,并记录其装入的顺序,即记录关联特征向量中每一个特征项的位置。由于依赖特征之间没有特别的相互联系,地位平等,因此其装入的顺序可以是任意的,但是装入后各个特征项的排列顺序必须记录,这对关联特征向量的逻辑结构的建立以及关联特征向量的提取都是非常重要的。这样,关联特征向量的组成结构就建立起来了。

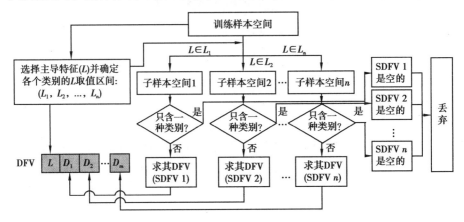

图4.2　关联特征向量组成结构的建立

(2)主导特征的求取方法

从上述过程可以看出,关联特征向量结构的建立是一个嵌套过程,在这个过程中最关键最难的步骤就是求取主导特征。当且仅当一项特征满足以下4个条件,它才可以被选为主导特征:

①它可以将样本空间明显地分成若干个子样本空间,且同一种类别的样本全部被分在同一个子样本空间。从散点图可以非常明显地看出该特征是否满足这一条件。

②它对它所分的子样本空间的区分能力非常强,即对不同的子样本空间,它们的此项特征取值有着明显的差异。本章提出样本空间距离的概念,如式(4.1),并用它来衡量特征是否满足这一条件。若两个子样本空间的样本空间

距离越大,则此特征对这两个子样本空间的区分能力越强。

$$D_{ij} = \sqrt{\eta_1 (\overline{x_i} - \overline{x_j})^2 + \eta_2 (\overline{x_{im}} - \overline{x_{jm}})^2} , \eta_1 + \eta_2 = 1 \qquad (4.1)$$

式中 D_{ij}——子样本空间 X_i 和 X_j 之间的样本空间距离;

$\overline{x_j}$——这两个子样本空间的特征平均值;

x_{im}——子样本空间 X_i 中与 $\overline{x_j}$ 最接近的特征值;

$\overline{x_{jm}}$——子样本空间 X_j 中与 $\overline{x_i}$ 最接近的特征值;

η_1 , η_2——两个权值,它们取决于经验和特征值的分布。

式(4.1)中 D_{ij} 同时考虑了两个子样本空间的特征平均值的距离和最离散的样本之间的距离,同时考虑均值和极端值,增强了主导特征对分类性能的要求。

③对每一个子样本空间,其关于此项特征的样本分布的紧致性必须非常出色,即这项特征值的分布要相当密集。本书用均方差来描述子样本空间特征值的紧致性,如式(4.2)。均方差越小,特征值的分布越密集,这说明了子样本空间中样本的紧致性越好。

$$S_i = \sqrt{\frac{1}{n} \left[(x_{i1} - \overline{x_i})^2 + (x_{i2} - \overline{x_i})^2 + \cdots + (x_{in} - \overline{x_i})^2 \right]} \qquad (4.2)$$

式中 S_i——子样本空间 X_i 的特征值的均方差;

$\overline{x_i}$——样本空间 X_i 中的样本特征值的均值;

$x_{i1} , x_{i2} , \cdots , x_{in}$——子样本空间 X_i 中所有样本的特征值系列;

n——子样本空间中样本的数目。

④此项特征能将样本空间分成更多的子样本空间,适合作为主导特征。

求取主导特征的主要步骤如下:

第一步:对每一项特征,绘制样本空间中各类别样本的散点图。

第二步:依据散点图,选取满足第一步的所有特征,并将它们记录在集合 FS 中。

第三步:对集合 FS 中的每一项特征,记其将样本空间分解成的子样本空间的数目为 m,然后按照如图4.3所示的步骤,依据式(4.1)—式(4.5)求取其评价值。

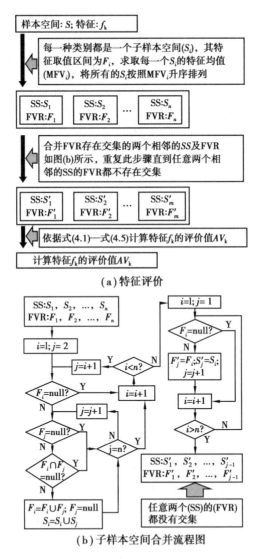

（a）特征评价

（b）子样本空间合并流程图

图4.3　特征评价流程图和子样本空间合并流程图

$$D = \frac{1}{m-1} \sum_{\substack{i=1 \\ j=i+1}}^{m-1} D_{ij} \tag{4.3}$$

$$S = \frac{1}{m}(S_1 + S_2 + \cdots + S_m) \tag{4.4}$$

$$AV = \alpha_1 D - \alpha_2 S^2 \tag{4.5}$$

式中　m——子样本空间的数目;

　　　D——基于这项特征的平均子样本空间的距离;

　　　D_{ij}——通过式(4.1)计算得到的值;$S_1, S_2, \cdots, S_m$ 是各个子样本空间该特

　　　　　征值的均方差;α_1 和 α_2 是需要根据经验确定的两个权值;

　　　AV——这项特征的评价值。

第四步:从集合 FS 中选择具有最小评价值的那一个特征作为主导特征。

(3)关联特征向量逻辑结构的建立

关联特征向量逻辑结构建立的是其中各项特征之间的内在联系,这种复杂的内在联系很难明确地表示出来,本书用一棵特殊的树来表示,称为特征选择树。特征选择树描述了关联特征向量中每一个特征产生的过程,利用树这一特殊的结构表示了各项特征之间的关系。

特征选择树包含两种类型的节点:非叶子节点和叶子节点。非叶子节点有3 个属性:样本空间(S)、样本空间的主导特征(F)和若干个带限制条件的指向其子样本空间的指针(I)。主导特征能将样本空间分解成几个子样本空间,本节点就有几个带限制条件的指针,指针的限制条件就是其所指的子样本空间中所有样本的 F 的取值区间。叶子节点只有一个属性:只包含一种类别的样本子样本空间。

特征选择树是伴随着关联特征向量组成结构的建立而产生的,其产生过程最关键的部分就是非叶子节点的建立,如图 4.4(a)所示,以样本空间($F_1, F_2,$ F_3, F_4)为根节点的样本空间,首先找到根节点的主导特征 f_z;其次根据主导特征的取值将样本空间分解成多个子样本空间,将每个子样本空间中样本的 f_z 特征取值区间按照升序排列,这些取值区间都是相邻而不相交的,这些取值区间便是相应的指向子样本空间的指针的限制条件;最后将相应的子样本空间连接

到相应的指针下面,作为根节点的子节点,这样就完成了根节点的建立。对每一个子节点,首先检查其是否只包含一种类别的样本,如果是,就将其记录为叶子节点;否则,将其视为一个子根节点,依此求取它的主导特征、指针限制条件和叶子节点,完成这个非叶子节点的建立。不断重复上述步骤,直到特征提取树中没有未完成建立的非叶子节点为止,这样一棵能够反映关联特征向量复杂逻辑结构的特征提取树就产生了。

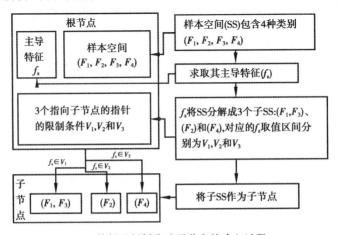

(a)特征选择树非叶子节点的建立过程

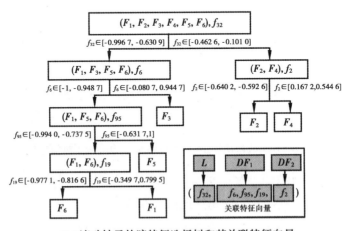

(b)滚动轴承故障特征选择树和其关联特征向量

图4.4 特征选择树

在特征选择树中,非叶子节点中的特征存在以下内在联系:

①祖先节点中的特征对后代节点中的特征具有一定的决定性;

②后代节点中的特征对祖先节点中的特征存在一定的依赖性;

③非直系血亲的节点中的特征之间没有联系。

关联特征向量这种复杂的逻辑结构只有应用树的方式才可以直观地表示出来,且特征选择树对后续的特征提取具有特别的指导作用。如图 4.4(b)所示为表 4.4 的滚动轴承故障数据的特征选择树。

4.4.2　基于关联特征向量的样本特征提取

由于关联特征向量不同于传统的特征向量,它要不断地挖掘各项特征对不同故障样本不同的表征能力,还要屏蔽对一种样本具有强大表征能力的特征对另一种样本表征的干扰。因此,关联特征向量中的各项特征的重要性并不相同,且各项特征的重要性会随着所要表征的样本的不同而发生变化。关联特征向量的提取步骤和顺序也是不定的,它们随着已经取得的特征值的变化而变化。因此,深入研究关联特征向量的逻辑结构,厘清其中各项特征之间的复杂关联,对基于关联特征向量的特征提取具有很好的指导作用。

从特征选择树可以看出,每一种类别的故障就是特征选择树的一个叶子节点,而从根节点到一个叶子节点所经历的所有非叶子节点中的主导特征就是表征这种类别故障的有效特征,没有经过的那些非叶子节点中的主导特征对这种类别故障的表征是无效的或者有干扰的。因此,对任意一个样本,首先从特征选择树的根节点出发,求取此节点的主导特征;其次根据其值判断本样本属于哪一个子节点,最后求取此子节点的主导特征,依次循环直到遇到叶子节点,就可求取这个样本所有的有效特征;将它们依次装入关联特征向量的相应位置,并给关联特征向量中仍然空着的位置装入无效特征的定值;这样就得到该样本的关联特征向量。

虽然依据特征选择树和关联特征向量的组成结构也可以完成样本关联特

征向量的提取,但是这里还存在两个问题:一是,当在非叶子节点处得到的主导特征值落入此节点的几个指针的限制条件间的空挡区域时,特征提取将无法进行;二是,每一次有效特征提取完毕后,都必须装入关联特征向量,还得查找无效特征,相对比较麻烦。

为了解决以上两个问题,本章结合特征选择树和关联特征向量的组成结构,建立了一个特征提取树,专门指导样本关联特征向量的求取。因为在特征提取树中:非叶子节点的作用是提取一个有效特征并根据这个有效特征的值决定下一步操作;叶子节点的作用是给无效特征赋值。所以每一个非叶子节点包含 3 个属性:一个特征、这个特征在关联特征向量中的位置、若干个指向子节点的带有限制条件的指针,其中,特征指示的是这一个节点处要求取的特征项,位置标注的是这个特征值该装入关联特征向量的位置,指针和其限制条件是下一步操作的指示。每一个叶子节点只包含若干个关联特征向量的位置标志,这表明这些未知的特征是无效的,在这个节点处要给他们给定一个合理的值。

对任何一个样本,只需从特征提取树的根节点开始,提取特征并装入关联特征向量相应位置,并根据已得到的有效特征值和指针依次在各节点处求取所指定的特征并装入关联特征向量相应位置,直到遇到叶子节点,在叶子节点处,给本样本所有的无效特征赋值,这样即可求得这个样本的关联特征向量。

特征提取树的建立过程如图 4.5(a)所示。首先是求得样本空间的关联特征向量的组成结构和逻辑结构,即关联特征向量的组成和特征选择树。其次在特征选择树的基础上,对每一个非叶子节点,去掉其中的样本空间,加入其主导特征在关联特征向量中的位置;对每一个叶子节点,记录从根节点到此节点所经历的所有节点中的主导特征在关联特征向量中的位置,"将关联特征向量中所有没有出现在这个记录中的位置上的特征全部加载到这个叶子节点中。"再次将产生在同一个非叶子节点的多个相同的叶子节点合并成一个新的叶子节点;如果新的叶子节点还有兄弟节点,那么将指向这些相同叶子节点的指针也合并成一个新指针,将他们的限制条件的并集作为这个新指针的限制条件;如果新的叶子节点没有兄弟节点,就将指向这些相同叶子节点的指针也合并成一个不带限制条件的新指针;再将这个新指针指向新的叶子节点;最后修改限制条件,为了使每一个非叶子节点的限制条件的并集等于此节点主导特征的整个取值区间,对任意两个相邻而不相交的限制条件,取它们相邻处边界的均值作为这两个新的限制条件的界限,与此节点特征取值区间边界最近的限制条件的边界改为取值区间的边界。这样特征提取树的建立过程就完成了,如图4.5(b)所示的是图4.4(b)中特征选择树对应的特征提取树。

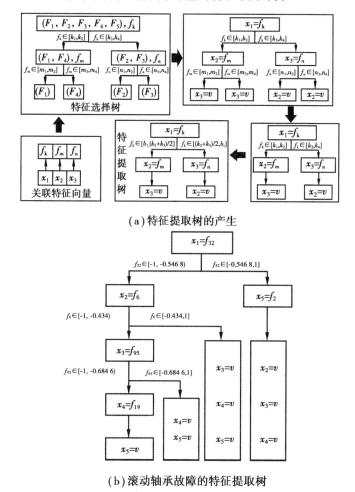

(a)特征提取树的产生

(b)滚动轴承故障的特征提取树

图4.5　特征提取树

4.4.3 关联特征向量总结

为了模仿人脑分层分类的机制,以提高智能化故障诊断的准确率和效率,本书在第 3 章中提出了基于分类树的分层特征选择方法。这种方法成功地提取了人脑分层分类过程中高效的特征选择机制,但是却无法取得如人脑分层分类一样优秀的分类效果,其原因是传统的机器分类方法所采用的呆板的特征组织机制不如人脑分层分类中的特征组织机制有效,严重影响了分类的效果。为了模仿人脑分层分类中的特征组织机制,本章提出了关联特征向量的概念,它以其新奇的结构实现人脑分层分类的特征组织机制,既可以充分发挥不同特征对故障表征的不同效力,还可以更深层次地挖掘同一特征对不同故障的不同表征效力,更能屏蔽对某些故障具有非常优秀表征能力的特征对另一些故障表征的干扰,还能通过无效特征值的合理设定进一步放大各项特征对故障表征的效果,将每一项特征的作用发挥到极限的同时,将其不良干扰也抑制到极限,大大提高了特征对故障的表征能力,可以为故障诊断提供一种非常优秀的故障表征模式,势必取得故障诊断效果上的突破。

4.5　基于关联特征向量的故障诊断

关联特征向量是一种全新的故障表征模式,应用这种模式来实现故障诊断时主要包括两个重要部分:故障样本关联特征向量的建立和基于关联特征向量的故障诊断。其中,故障样本关联特征向量的建立包括关联特征向量组成结构、逻辑结构和特征提取路径的建立,这一部分需要求取关联特征向量的组成、特征选择树和特征提取树;基于关联特征向量的故障诊断包关联特征向量的提取和故障诊断,关联特征向量的提取是指根据特征提取树求得每一个样本的关联特征向量,故障诊断是用智能分类方法识别每一个样本的故障类别。具体流程图如图 4.6 所示,本书用水电机组和滚动轴承的故障诊断来验证关联特征向量的有效性,所采用的故障分类方法是概率神经网络,各项参数的设置见表 4.1。

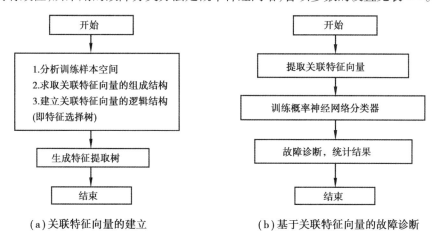

（a）关联特征向量的建立   （b）基于关联特征向量的故障诊断

图 4.6 建立关联特征向量和故障诊断流程图

表 4.1 参数设置

参数	p	σ	η_1	η_2	α_1	α_2	V
参数值	3	2	0.85	0.15	0.3	0.7	5

注:p 和 σ 是概率神经网络的参数;η_1,η_2,α_1 和 α_2 是特征评价过程中使用的参数;V 是关联特征向量中的无效项的固定值。

4.5.1 基于关联特征向量的水电机组故障诊断

对表 3.1 的水电机组故障数据[150, 161],首先采用 4.4.1 节中介绍的方法建立水电机组故障数据的关联特征向量的结构,得到其关联特征向量的组成和特征选择树,如图 4.7(a)所示;其次依据 4.4.2 节介绍的方法建立特征提取树,如图 4.7(b)所示,并依据特征提取树提取所有故障数据的关联特征向量,用关联特征向量来表征水电机组故障数据;最后将水电机组各种故障的关联特征向量输入概率神经网络进行故障诊断。

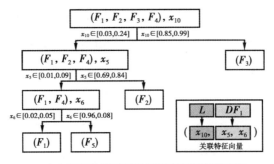

（a）水电机组故障特征选择树和关联特征向量

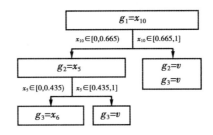

（b）水电机组故障特征提取树

图4.7　水电机组故障数据关联特征向量的结构与特征提取树

滚动轴承故障数据的关联特征向量为(x_{10}, x_5, x_6)，水电机组所有故障样本的关联特征向量见表4.2，各种类别的故障数据之间的平均欧拉距离见表4.3，基于关联特征向量与基于其他特征向量的故障样本散点图，如图4.8所示，故障诊断结果对比见表4.4。

表4.2　水电机组故障特征向量

故障类别	F_1	F_2	F_3	F_4
关联特征向量	(0.03,0.02,0.02)	(0.01,0.80,5)	(0.99,5,5)	(0.22,0.05,0.98)
	(0.05,0.04,0.02)	(0.04,0.82,5)	(0.99,5,5)	(0.24,0.09,0.97)
	(0.09,0.02,0.05)	(0.03,0.84,5)	(0.97,5,5)	(0.21,0.06,0.98)
	(0.09,0.01,0.05)	(0.09,0.69,5)	(0.85,5,5)	(0.12,0.01,0.98)
		(0.03,0.79,5)		(0.24,0.05,0.96)

表 4.3 水电机组故障之间的欧拉距离

平均欧拉距离	F_1	F_2	F_3	F_4
F_1	0.033 5	5.023 5	7.084 6	0.950 4
F_2	5.023 5	0.060 8	4.305 9	4.096 8
F_3	7.084 6	4.305 9	0.057 6	6.420 5
F_4	0.950 4	4.096 8	6.420 5	0.055 5

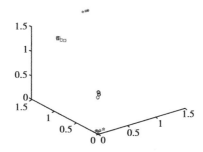

（a）关联特征向量

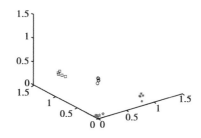

（b）组分相同的一般特征向量

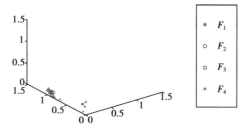

（c）随机的一般特征向量

图 4.8 水电机组故障数据散点图

表 4.3 是用关联特征向量表征的故障样本之间的平均欧拉距离。其中,对角线上的黑体数据表示的是同一类别的样本之间的平均欧拉距离,最大值是0.060 8,平均值是 0.051 9,与表中其他数据相比,这些数值非常小,说明同一类别的故障样本的分布相对集中;其他数据都表示不同类别样本之间的平均欧拉距离,其最小值是 0.950 4,平均值是 4.647 0,与对角线上的数据相比,他们的数值相对较大,这说明不同类别的样本之间存在明显的差距。图 4.8 基于关联特征向量的散点图中,同种类别故障的集中性和不同类别的故障之间的分散性明显优于其他特征向量。因此,关联特征向量很好地表征了水电机组故障数据,为其故障诊断提供了一个非常有效的数据基础。

表 4.4 中,每一种故障的诊断准确率都是 100%,这充分说明:对水电机组进行故障诊断,关联特征向量是一种很适用的故障表征方式,可以给故障诊断提供一个非常有效的数据基础。

表 4.4　水电机组故障诊断准确率

故障类别	关联特征向量/%	随机三项特征向量/%	100 项全特征向量/%
F_1	100	94.82	100
F_2	100	67.24	100
F_3	100	91.37	100
F_4	100	93.10	100

4.5.2　基于关联特征向量的滚动轴承故障诊断

对表 2.2 的滚动轴承故障数据[150],依据第 2 章提出的 UEE-EMD 分解方法将每一条故障数据进行分解分析,可以得到一系列的本征模函数;取前 5 个本征模函数,并计算每一个本征模函数的 20 项时频特征(表 2.3);这样对每一条滚动轴承故障数据,可以得到 100 项时频特征,并用这 100 项特征来表征每一个样本。

由于用于表征样本的这 100 项特征中绝大部分的特征是冗余的或者是对故障分类没有贡献的,本章在第 3 章特征选择的基础上提出基于关联特征向量的故障表征方式,先采用 4.4.1 节中介绍的方法建立滚动轴承故障数据的关联特征向量的结构,得到其关联特征向量的组成和特征选择树,如图 4.4（b）所示。然后,依据 4.4.2 节介绍的方法求取相应的特征提取树,如图 4.5（b）所示,并依据特征提取树提取所有故障数据的关联特征向量,用关联特征向量来表征滚动轴承故障数据。最后将滚动轴承各种故障的关联特征向量输入概率神经网络进行故障诊断。

滚动轴承故障数据的关联特征向量为 $(f_{32}, f_6, f_{95}, f_{19}, f_2)$,滚动轴承同一类别的故障数据之间的平均欧拉距离见表 4.5,不同类别的故障数据之间的平均欧拉距离见表 4.6,基于关联特征向量与基于其他特征向量的故障样本散点图如图 4.9 所示,故障诊断结果见表 4.7、表 4.8 和图 4.10 所示。

表 4.5　同种类别的滚动轴承故障间的平均欧拉距离

平均欧拉距离	d_{11}	d_{22}	d_{33}	d_{44}	d_{55}	d_{66}
DFV	0.081 0	0.066 7	0.239 4	0.065 7	0.201 4	0.285 4
$(f_2, f_6, f_{19}, f_{32}, f_{95})$	0.081 0	0.282 9	0.269 7	0.164 6	0.376 8	0.285 4

表 4.6　不同类别的滚动轴承故障间的平均欧拉距离

平均欧拉距离	d_{12}	d_{13}	d_{14}	d_{15}	d_{16}	d_{23}	d_{24}	d_{25}
DFV	10.314 0	8.493 0	10.308 8	5.932 4	0.986 0	4.570 8	0.099 2	8.077 3
$(f_2, f_6, f_{19}, f_{32}, f_{95})$	1.530 5	1.563 9	0.654 4	0.871 1	0.986 0	1.888 2	1.258 3	0.992 7

平均欧拉距离	d_{26}	d_{34}	d_{35}	d_{36}	d_{45}	d_{46}	d_{56}	
DFV	9.745 1	4.562 2	5.573 3	7.800 7	8.071 3	9.739 9	4.951 4	
$(f_2, f_6, f_{19}, f_{32}, f_{95})$	1.450 9	1.382 9	1.546 3	1.555 2	0.965 9	1.154 0	0.689 4	

表4.5 是用关联特征向量表征的同一类别的故障样本之间的平均欧拉距离，最大值是0.285 4，平均值是0.156 6，与表4.6 中的数据相比，这些数据的数值非常小，这说明同一类别的故障样本的分布相对集中；而用相同特征组成的一般特征向量表征故障数据时，其同一类别的故障样本之间的平均欧拉距离的最大值是0.285 4，平均值是0.243 4，因此，相对传统的特征向量，关联特征向量表征的故障的类内集中性明显增强了很多。表4.6 表示不同类别样本之间的平均欧拉距离，基于关联特征向量的平均欧拉距离的平均值是6.615 0，比表4.5 中的数据普遍大很多，这说明不同类别的样本之间存在非常明显的差异；因为用相同特征组成的一般特征向量表征故障数据时，其不同类别的故障样本之间的平均欧拉距离的平均值是1.232 6，所以相对于传统的特征向量，用关联特征向量表征故障，可以突破性地增强类别间的分散性。图4.9 显示，基于关联特征向量的样本散点图的类别内紧致性和类别间分散性都明显优于其他特征向量。因此，相对于传统的特征向量，关联特征向量对故障样本的表征效力明显提高了。

表4.7 显示了基于关联特征向量的滚动轴承故障诊断结果，6 种故障的平均诊断准确率分别为100%，100%，99.43%，99.71%，99.14%和100%，这说明基于关联特征向量的故障表征方法对每一种故障的表征都是非常有效的。表4.8 显示了关联特征向量与其他特征向量的诊断结果对比，其中基于关联特征向量的平均诊断准确率为99.71%，而基于相同特征项组成的一般特征向量的平均诊断准确率为95.87%，基于全部100 项特征组成的一般特征向量的平均诊断准确率为96.47%。由此可见，对滚动轴承故障诊断，基于关联特征向量的方法取得了诊断准确率的突破。在特征提取时间、分类器训练时间和故障诊断时间上，基于关联特征向量的诊断方法的时间消耗几乎是最小的，远小于原始特征全集，这说明利用关联特征向量表征故障样本可以取得非常优秀的诊断效率。

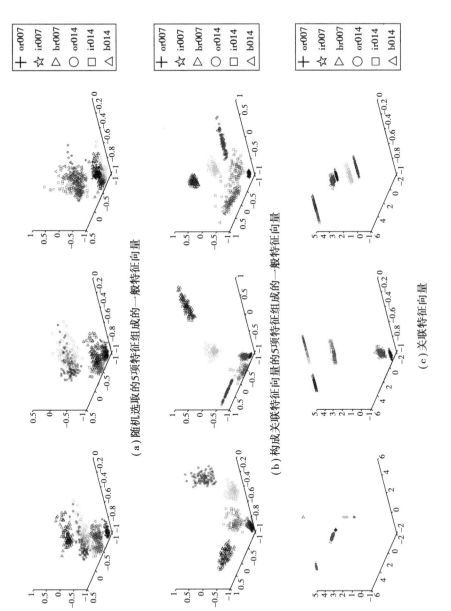

图4.9 滚动轴承故障数据散点图

表4.7　基于关联特征向量的滚动轴承故障诊断结果

故障类别	诊断准确率/%	特征提取时间/ms	训练时间/ms	诊断时间/ms
F_1	100	114	387	269
F_2	100	128	376	252
F_3	99.43	122	382	240
F_4	99.71	116	392	230
F_5	99.14	115	386	266
F_6	100	108	390	250

表4.8　滚动轴承故障诊断对比

特征向量	诊断准确率/%	特征提取时间/ms	训练时间/ms	诊断时间/ms
关联特征向量	99.71	117	385	251
相同5项特征向量	95.87	223	382	256
随机5项特征向量	66.19	215	387	234
100项全特征向量	96.47	2 669	1 374	1 114

综上所述,在滚动轴承的故障诊断中,基于关联特征向量的诊断方法不仅取得了诊断准确率上的突破,同时也拥有很好的计算效率,它是一种同时拥有效果优势和效率优势的诊断方法,如图4.10所示。

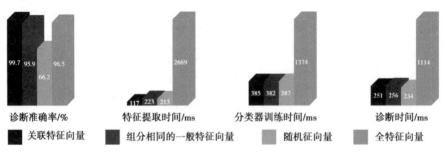

图4.10　滚动轴承故障诊断结果对比

4.6　本章总结

关联特征向量是在第 3 章基于分类树的分层特征选择方法的基础上提出来的,它旨在同时模拟人脑分层分类过程中的特征选择机制和特征组织机制,同时取得如人脑分层分类般出色的诊断准确率和诊断效率。关联特征向量以其独特的复杂非平等式的结构模拟人脑分层分类过程中的特征选择机制和特征组织机制,既可以充分发挥不同特征对故障表征的不同效力,还可以更深层次地挖掘同一特征对不同故障的不同表征效力,更能屏蔽对某些故障具有优秀表征能力的特征对另一些故障表征的干扰。此外,关联特征向量还能通过无效特征值的合理设定进一步放大各项特征对故障表征的效果。综上所述,关联特征向量在将每一项特征的作用发挥到极限的同时,不良干扰也得到有效抑制,极大地提高了同类故障分布的紧致性和不同类别故障之间的分散性,有效提高了特征向量对故障的表征能力,它是一种极为优秀的故障表征模式。

尽管关联特征向量以其独特新奇的结构模仿人脑分层分类的特征处理机制,增强了特征向量对故障样本的表征能力,同时取得了诊断效果和诊断效率的突破。但是,其结构建立和特征提取方法中分支处理方式的鲁棒性较差,这使得关联特征向量对交叠样本束手无策,导致关联特征向量的优秀故障表征效力在处理存在样本交叠的分类问题时完全失效。因此,如何改进关联特征向量结构建立方法,优化其处理机制,使得关联特征向量能够为更多的分类问题提供解决办法,也是一项非常有意义的研究工作。

第 5 章　基于模糊关联特征向量的
故障诊断方法

5.1　引　言

　　第 4 章在第 3 章特征选择的基础上提出了关联特征向量的概念,关联特征向量是一种全新的特征组织方式和故障表征模式,它以其独特而新奇的结构,以复杂非平等的特征关系模仿人脑分层分类过程中的特征选择机制和组织机制,既可以充分发挥不同特征对故障表征的不同效力,还可以更深层次地挖掘同一特征对不同故障的不同表征效力,更能屏蔽对某些故障具有优秀表征能力的特征对另一些故障表征的干扰,此外,通过对无效特征设定合理的取值,它还能进一步放大各项特征对故障表征的效果,显然,关联特征向量在不增加计算消耗的情况下取得了诊断准确率上的突破。然而,关联特征结构建立和特征提取过程中的某些主要处理环节采用了非此即彼的"二值逻辑"模式,这直接导致在处理存在模式交叠的分类问题时,关联特征向量在分类准确率上的优势失效,甚至严重影响分类的准确率。为了使这种全新的优秀的特征组织模式能够得到更加广泛的应用,本章在继承关联特征向量优秀特征组织机制的基础上,增强其适用性,提出了模糊关联特征向量的概念。

　　关联特征向量之所以对存在模式混叠的分类问题束手无策,其主要原因是其逻辑结构本身就蕴含着分类的功能,而在逻辑结构建立的关键步骤——主导特征选择中,首先对边界问题的处理采用的是一种非此即彼的模式,当混叠模式存在时,往往就导致了关联特征向量的结构无法建立;其次关联特征向量提取中的边界处理规则也是基于非此即彼的"二值逻辑"模式,这就会使处于混叠区域的样本可能在特征提取的过程中被错分,而无效项的取值会进一步放大这种错分效果,会严重影响分类正确率。基于上述关键问题,模糊关联特征向量采用模糊技术来处理边界问题,对混叠区域和疑似混叠区域的样本,在关联特征向量逻辑结构建立的过程中,允许一定量的样本落入混叠区域,但是不考虑它们对关联特征向量逻辑结构的影响,在特征提取的过程中,利用模糊隶属度来指导混叠模式后续的特征提取。这样,关联特征向量就与模糊技术相结合,处理存在混叠的分类问题,同样会有非常优秀的表现。

5.2 模糊逻辑概述

模糊逻辑(Fuzzy Logic)是美国柏克莱加州大学电气工程系 L. A. Zadeh 教授在 1965 创立的模糊集合理论的基础上发展起来的。绝大部分的事物都不是绝对分开的,不同类别之间的界限是模糊的,处于模糊边界中的个体的归属往往具有不确定性,这就是模糊逻辑成立的原因。模糊逻辑看待事物的方式不再是绝对的"是"或者"否",它允许归属不明的个体存在,因此,与简单的"二值逻辑"相比,模糊逻辑可以更加准确地描述实际事务,具有更好的普适性[164],它为计算机模仿人的思维方式处理普遍存在语言信息提供了可能[164-166]。

在模糊理论中允许一个事物亦此亦彼,将其应用于故障诊断就是允许一个样本可能属于一个类别也可能属于另一个类别,只是它与各个类别的匹配程度不一样而已,模糊隶属度就是描述事物亦此亦彼程度的参数。目前,关于隶属度的定义还没有一个可以遵循的一般性规则,针对不同的工程问题需要设计不同的隶属度。以样本个体到类别中心的距离定义的隶属度函数,是使用最为普遍的隶属度函数之一[167]。本章所要解决的模糊问题并不复杂,此隶属度函数就可取得可观的效果,因此,本章也采用这种隶属度,其计算式为:

$$
\begin{cases}
d_p = \max \| O_p - x_i \|, x_i \in G^p \\
d_n = \max \| O_n - x_i \|, x_i \in G_n
\end{cases}
\tag{5.1}
$$

$$
S_i =
\begin{cases}
1 - \dfrac{\| O_p - x_i \|}{(d_p + \partial)}, x_i \in G_p \\
1 - \dfrac{\| O_n - x_i \|}{d_n + \partial}, x_i \in G_n
\end{cases}
\tag{5.2}
$$

式中 O_p, O_n ——类 G_p 和 G_n 的中心;

d_p , d_n ——类中样本点离各自类中心的最大距离;

S_i ——距离模糊隶属度;

∂ ——一个任意小的正数。

5.3　模糊关联特征向量的提出

从第 3 章到第 4 章,本书一直在讨论如何模仿人脑分层分类的特征选择和组织机制,以提高故障诊断的准确性和快速性。第 3 章基于分类树的分层特征选择方法有效地去除了冗余信息,从特征选择和故障诊断两个层次上提高了计算效率。第 4 章关联特征向量以其独特而新奇的结构模仿人脑分层分类过程中的特征选择和特征组织机制,充分挖掘每一项特征的表征能力同时尽力屏蔽其不良干扰,从而取得了诊断准确率和效率的双重突破。然而,关联特征向量对存在样本交叠的分类问题却束手无策,而人的大脑在处理同样问题时,依然可以取得非常优秀的效果。

其主要原因:交叠区间的样本有亦此亦彼的不确定属性;人脑在处理这种问题时允许这种模糊的属性存在,且人脑的高度智能性可以通过快速的分析推理确定其对各个类别的隶属程度,并给出一个近似的判断结果;关联特征向量虽然模仿了人脑分层分类的特征选择机制和特征组织机制,却没能提取人脑处理问题时在必要时采用的模糊推理机制,其推理机制依然是传统的二值逻辑模式。从 5.2 节可知:模糊逻辑摒弃了二值逻辑简单的肯定或否定,以模糊的方式来处理事物的边界问题,以更加全面的信息判断边界区域中个体的归属,具有更好的普适性和准确性。综上可知,如果将模糊技术移植到关联特征向量中,以模糊逻辑代替二值逻辑设计关联特征向量应用过程中的关键处理环节,就能够得到可以处理存在样本交叉的分类问题的关联特征向量,基于这个设想,本章提出了模糊关联特征向量(Fuzzy Dependent Feature Vector,FDFV)。

模糊关联特征向量继承了关联特征向量优越独特的结构,同时继承了这种新奇的结构所带来的各种优势：

①可以充分发挥不同特征对故障表征的不同效力。

②能够更深层次地挖掘同一特征对不同故障的不同表征效力。

③屏蔽对某些故障具有非常优秀表征能力的特征对另一些故障表征的干扰；

④通过无效特征值的合理设定进一步放大各项特征对故障表征的效果。

此外，模糊关联特征向量将模糊技术移植到关联特征向量的生成和提取过程中，设计出基于模糊逻辑的关联特征向量产生和提取规则，进一步模仿了人类处理交叉模糊问题的模糊处理机制，解决了关联特征向量对存在样本交叠的分类问题束手无策的难题，提高了关联特征向量处理分类问题的普适性。

在结构上，模糊关联特征向量与关联特征向量完全一致，其结构如图5.1(a)所示，一个模糊关联特征向量由一个主导特征和若干个依赖特征组成，其中主导特征有且只有一个，由一个具体的特征项组成，且不能为空；依赖特征数目不定，可以为0，每一个依赖特征都是一个模糊关联特征向量。

在模糊关联特征向量中，主导特征与依赖特征之间有主次之别，它们的地位是不平等的：

①依赖特征的数量与主导特征的取值有着密切的关系，根据主导特征的值可以将样本空间分成若干个子样本空间，而每一个子样本空间的继续分解会产生0个或者1个模糊关联特征向量，所有子样本空间继续分解产生的模糊关联特征向量就是依赖特征，所以依赖特征的个数小于或者等于样本空间被主导特征分解成的子样本空间的数目。

②主导特征间接决定依赖特征的组成，主导特征决定样本空间的被分解的子样本空间的组成，子空间的组成决定本子空间的模糊关联特征向量（即某个依赖特征）。

③对任何一个具体的样本，没有或者只有一个依赖特征是有效的，其他依赖特征都是无效的。

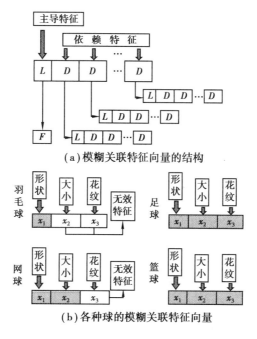

(a)模糊关联特征向量的结构

(b)各种球的模糊关联特征向量

图 5.1 模糊关联特征向量示意图

5.4 模糊关联特征向量的应用

由 5.3 节可知,模糊关联特征向量不仅继承了关联特征向量独特的结构和这种结构带来的各种优势,还摒弃了关联特征向量结构建立和特征提取过程中非此即彼的二值逻辑处理模式,采用更具普适性的模糊逻辑设计关联特征向量生成和特征提取的各项规则。因此,应用模糊关联特征向量实现故障表征和故障诊断的难点有二:一是设计一个可以适应和处理交叉问题的关联特征向量生成规则,称为模糊关联特征向量结构的生成;二是设计一种基于模糊逻辑的关联特征向量提取方法,称为模糊关联特征向量提取。它们是模糊关联特征向量适用性优于关联特征向量的本质所在,是模糊关联特征向量处理交叉模糊问题优势的来源,只有处理好了这两个问题,才能体现出模糊关联特征向量的故障表征和分类优势。

5.4.1　模糊关联特征向量结构生成

与关联特征向量相同,模糊关联特征向量的结构也包括两个部分:组成结构和逻辑结构,其中组成结构是指模糊关联特征向量由哪些特征组成的和这些特征的排列顺序,逻辑结构是指模糊关联特征向量中各个特征项之间的内在联系。因此,模糊关联特征向量结构生成也包括组成结构建立和逻辑结构建立两个部分。

(1)模糊关联特征向量组成结构的建立

模糊关联特征向量也是一种自适应的故障表征方式,由于其结构本身就蕴含着故障样本的内在联系,因此,要想建立合理有效的模糊关联特征向量结构,必须先分析一定量的样本数据,探索各故障样本之间的内在联系。

图 5.2 展示了模糊关联特征向量组成结构建立的过程,其具体步骤如下:

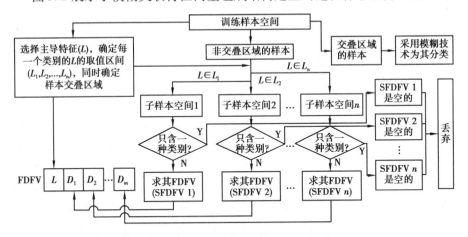

图 5.2　模糊关联特征向量组成结构的建立

第一步:对一个样本空间,首先按照一定的搜索规则求取其主导特征(L),并确定主导特征的若干个相互独立且相互无交集或者有少许交集的取值区间,此步骤中主导特征搜索规则和取值区间的求取规则,涉及交叉样本区间的处理,是模糊关联特征向量结构生成的核心操作,与关联特征向量的处理方法不一样,后面将详细介绍。

第二步:对样本空间中的交叠区域的样本数据,依据其主导特征的值,按照如图 5.2 所示的规则归入某一个子样本空间中,这样,样本空间就被分解成若干个子样本空间。

第三步:对落入交叠区域的样本数据,计算其相对于每一种类别的隶属度,将其分配到隶属度最大的那一个类别所在的子样本空间。

第四步:对每一个子样本空间,如果它只包含一种类别的故障样本,那么它的模糊关联特征向量为空并被丢弃,不需要求取;如果它包含多于一种类别的样本,则将其视为一个样本空间,按照如图 5.2 所示的方法求取其模糊关联特征向量。

第五步:将所求得的所有子样本空间的模糊关联特征向量(The Fuzzy Dependent Feature Vector of Subspaces, SFDFV)作为模糊关联特征向量的依赖特征装入模糊关联特征向量中,并记录其装入的顺序,即记录关联特征向量中每一个特征项的位置。其装入的顺序可以是任意的,但是装入之后各个特征项的排列顺序必须记录,这对模糊关联特征向量的逻辑结构的建立以及模糊关联特征向量的提取都是非常重要的。

这样,模糊关联特征向量的组成结构就建立起来了。

(2)主导特征的求取方法

与关联特征向量相同,模糊关联特征向量的结构建立也是一个嵌套的过程,在这个过程中,最关键最难的步骤就是求取主导特征、确定主导特征的取值区域、确定样本交叠区域。

其中,主导特征的求取是确定主导特征的取值区域和确定样本交叠区域的基础,当且仅当一项特征满足以下 5 个条件时,它才可以被选为主导特征:

第一,它可以将样本空间较为明显地分成若干个子样本空间,且同一种类别的样本大部分被分在同一个子样本空间。这里与关联特征向量有所不同,因为考虑样本交叠情况的存在,所以不要求它能完全明显地将样本空间分解成若干个子样本空间,只要它能够较为明显地分解样本空间,表明其对样本空间具有一定的区分能力即可;不要求同种类别的样本全部被分在同一个子样本空间,只需要大部分被分在同一个子样本空间,而其他部分则落入交叠区域。同样,从散点图可以非常明显地看出哪些特征可能会满足这一条件。

第二,落入交叠区域的样本越少越好。

第三,它的特征值对其分解样本空间得到的子样本空间的区分能力较强,即对不同的子样本空间,它们的此项特征取值有着明显的差异。仍旧采用式(4.1)的样本空间距离来衡量特征是否满足这一条件。若两个子样本空间的样本空间距离越大,则此特征对这两个子样本空间的区分能力越强。

第四,它分解样本空间得到的每一个子样本空间,关于此项特征的样本紧致性必须非常出色,即子空间中绝大部分样本的此项特征值的分布要相当密集。本章用均方差来描述子样本空间特征值的紧致性,如式(4.2)所示。均方差越小,特征值的分布越密集,就说明子样本空间中样本的紧致性越好。

第五,此项特征能将样本空间分成越多的子样本空间,它越适合作为主导特征。

由于模糊关联特征向量的结构产生模式发生了变化,主导特征的求取过程变得异常复杂,为了分清主次,简化过程,模糊关联特征向量主导特征的选择不再同时考虑以上所有限制条件,而是根据重要性先后考虑各项条件,其具体步骤如下:

第一步:对每一项特征,绘制样本空间中各类别样本的散点图。

第二步:依据散点图,删除那些明显不满足第一个限制条件的所有特征,并将剩余的特征记录在集合 FS 中。

第三步:对集合 FS 中的每一项特征,依据这一项特征的取值,按照图5.3(a)和式(5.3)—式(5.6)将样本空间分解成若干个子样本空间,并记录各子样本空间,子样本空间的数目 m,并依据式(5.7)得出并记录落入交叠区域的样本总数。

$$F_{ab} = F_a \cap F_b \text{（求交集）} \tag{5.3}$$

$$\begin{cases} S_a' = S_a - S_{ab} \\ S_b' = S_b - S_{ab} \end{cases} \tag{5.4}$$

$$\begin{cases} F_a' = F_a - F_{ab} \\ F_b' = F_b - F_{ab} \end{cases} \tag{5.5}$$

$$\begin{cases} F_a' = F_a F_b \\ S_a' = S_a S_b \end{cases} \tag{5.6}$$

$$N = S_{jd}(1) + S_{jd}(2) + \cdots + S_{jd}(n) \tag{5.7}$$

式中　F_a，F_b——样本空间 S_a 和 S_b 的特征取值区间；

　　　S_{ab}——样本子空间 S_a 和 S_b 的交叠空间；

　　　F_{ab}——S_{ab} 的特征取值区间；

　　　N——落入交叠区域的样本的总数；

　　　S_{jd}——记录各交叠区域样本数目的集合。

此外，用 N_{jd} 记录当前交叠区域样本的数目。第四步：选择 N 最小的特征作为主导特征；如果 N 相同，则选择 m 最大的特征，作为主导特征；如果 N 和 m 都相同，则如同关联特征向量，在上述样本空间分解情况下按照式(4.1)—式(4.5)计算各个特征的评价值 A_V，具有最小评价值的特征将会被选作主导特征，具体步骤如图 5.3(b)所示。

在模糊关联特征向量中，因为交叠区域中的样本是归属不确定的样本，所以交叠区域的样本的多少直接影响模糊特征向量表征故障的有效性，所以在选择主导特征时首先考虑这个影响因素；样本空间被分的子样本空间越多，后续还需选择的特征就越少，因此子样本空间的多少直接影响结构建立、特征提取和故障诊断的效率，需要受到重视；模糊关联特征向量独特的特征选择和组织机制，以及无效项的应用，使类别间分散性和类内的紧致性对分类效率的影响相对弱化，因此，在这里将这两个限制条件放到最后考虑。

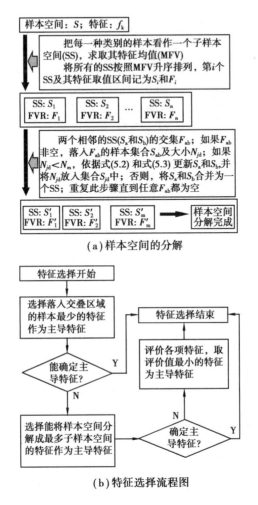

（a）样本空间的分解

（b）特征选择流程图

图5.3　样本空间的分解和主导特征选择流程图

（3）模糊关联特征向量逻辑结构的建立

与关联特征向量相同,逻辑结构描述的是模糊关联特征向量中各项特征之间的内在联系,这种复杂的内在联系很难明确地表示出来,本章用一种特殊的树结构来表示,称为模糊特征选择树。模糊特征选择树描述了模糊关联特征向量中每一个特征产生的过程,利用树这一特殊的结构表示了各项特征之间的关系。

模糊特征选择树与第4章的特征选择树在组成和结构上非常相似,模糊特征选择树的主树的组成和结构与特征选择树完全一致,所不同的是,模糊特征选择树除了主树结构外,还包括表示子节点之间交叠区域的虚叶子节点,只标注与之相邻的两个子节点之间的模糊界限。因此,在模糊特征选择树中,主树表示模糊关联特征向量中各个特征之间确定的复杂关系,虚叶子节点表示其中不确定的模糊关系。所以,模糊特征选择树包含 3 种类型的节点:非叶子节点、叶子节点和虚叶子节点。其中,叶子节点和指针的定义与特征选择树完全相同,而非叶子节点的定义则有所差异,虚叶子节点为模糊特征选择树所独有。

模糊特征选择树的非叶子节点的结构与特征选择树有所不同,它包括 4 个属性:样本空间(S)、样本空间的主导特征(F)、若干个带有限制条件的指向其子样本空间的指针(I)和样本空间各个类别的类别中心(Y_o)。S,F 和 I 的定义与结构和特征选择树完全相同,这里不再赘述,类别中心(Y_o)是指一个类别的所有样本的全特征的均值,是一个与用全特征表征的单个样本数据具有相同结构的向量,它对特征提取过程中的模糊化处理交叠区域的样本具有非常重要的意义。

虚叶子节点包含两个属性:一是取值区间(F_j),它表示其父节点中的主导特征的一个取值区间,其具体值为落入此区域的样本的特征取值范围;二是两个指向与此虚叶子节点相邻兄弟节点的虚指针。虚叶子节点表示的是与之相邻的两个兄弟节点之间模糊的边界,当一个样本的特征取值落入虚叶子节点时,它就同时可能属于与这个虚叶子节点的两个相邻的兄弟节点。虚叶子节点不与其父节点相连,只与相邻的兄弟节点虚相连。

同样,模糊特征选择树是伴随着模糊关联特征向量组成结构的建立而产生的,其产生过程中最关键的部分就是非叶子节点的建立,与第 4 章中关联特征向量的产生原理基本相似。只是在这里,主导特征的选择过程变得更为复杂,其过程中的很多计算为模糊特征选择树的产生奠定了基础。因此,模糊特征选择树的产生过程反而变得相对简单。在每一项主导特征被选定时,都按照图5.4 的流程建立此节点处的模糊特征选择树局部:

①计算样本空间中每一个类别的类别中心$(Y_1, Y_2, \cdots, Y_n)$,以子样本空间所有样本主导特征的取值范围为指针限制条件建立相关指针,并与样本空间和主导特征一起构成根节点。

②将子样本空间作为子节点,并与相应的指针相连,将子节点按指向它的指针的限制条件升序排列。

③对任意两个相邻的子节点,以指向这两个子节点的指针的限制条件$([x_{z1}, x_{y1}], [x_{z2}, x_{y2}])$中间的取值空荡区域$(x_{y1}, x_{y2})$为特征取值范围,构建这两个子节点间的虚叶子节点,并用虚指针指向与之相邻的兄弟节点。

这样,此节点处的模糊特征选择树局部便完成了;随着主导特征的不断确定,模糊特征选择树不断生长直至完全长成。

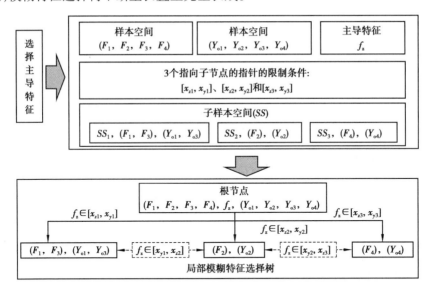

图5.4 模糊特征选择树局部产生过程示意图

与关联特征向量相同,在模糊特征选择树中,非叶子节点中的特征存在以下内在联系:

①祖先节点中的特征对后代节点中的特征具有一定的决定性。

②后代节点中的特征对祖先节点中的特征存在一定的依赖性。

③非直系血亲的节点中的特征之间没有联系。

模糊关联特征向量这种复杂的逻辑结构只有应用树的方式才可以直观地表示出来,且模糊特征选择树对后续的特征提取具有特别的指导作用。

虽然模糊特征选择树的主树与特征选择树在组成和结构上完全一致,必须明确的是:特征选择树是在样本空间所有样本的指导下生成的,可以更为准确和明确地反映故障之间的内在联系;模糊特征选择树的主树是在大部分样本的指导下生成的,因为在其产生的过程中不断忽略交叠区域的样本,模糊特征选择树的主树对交叠区域样本的宽容导致其不能全面地描述故障之间的内在联系,只能宏观地勾勒故障之间较明确的联系。而故障之间的不明确不确定的关系交给虚叶子节点描述。这种对交叠区域的宽容态度使模糊关联特征向量可以以柔和的方式来处理交叠区域的样本,反而使其具有更广阔的普适性。

5.4.2　模糊关联特征向量提取

与关联特征向量相同,模糊关联特征向量最主要的目的也是充分挖掘各项特征对不同故障样本不同的表征能力,同时尽量屏蔽对一种样本具有强大表征能力的特征对另一种样本表征的干扰。因此,与关联特征向量相同,模糊关联特征向量中的各特征项之间也是一种具有层次的不平等关系。模糊关联特征向量的提取步骤和顺序也是不确定的,它们随着所处理的样本和已经取得的特征值的变化而变化。因此,深入研究模糊关联特征向量的逻辑结构,厘清其中各项特征之间的复杂关联,对基于模糊关联特征向量的特征提取具有很好的指导作用。

从模糊特征选择树可以看出,在主树中,每一种类别的故障就是特征选择树的一个叶子节点,而从根节点到一个叶子节点所经历的所有非叶子节点中的主导特征就是表征这种类别的故障的有效特征,没有经过的那些非叶子节点中的主导特征对这种类别的故障的表征是无效的或者有干扰的。

对任意一个样本,从模糊特征选择树的根节点出发,求取此节点的主导特征,然后根据其值判断本样本属于哪一个子节点或者虚叶子节点。如果它被分在子节点中,求取此子节点的主导特征;如果它被分到虚叶子节点,则求取此样本的全部特征,然后依据式(5.1)和式(5.2)计算此样本对与之相邻的两个兄弟节点中每一个类别的隶属度,根据其隶属度的值,对此样本进行重新归类,将其归入隶属度较大的那个类别所属的子节点中,然后求这个子节点的主导特征。依次重复以上步骤,直到遇到叶子节点,就求取了这个样本所有的有效特征;将它们依次装入模糊关联特征向量的相应位置,并给模糊关联特征向量中依然空着的位置装入无效特征的定值;这样,就得到了这个样本的关联特征向量。

虽然,依据模糊特征选择树和模糊关联特征向量的组成结构也可以完成样本关联特征向量的提取,但是,这里还存在两个问题:

①当在非叶子节点处得到的主导特征值落入虚叶子节点所示的区域时,特征提取将无法进行。

②每一次有效特征提取完毕后,都必须装入关联特征向量,还得查找无效特征,相对比较麻烦。

(1)模糊特征提取树

为了解决以上两个问题,本章结合模糊特征选择树和关联特征向量的组成结构,建立了一个特征提取树,专门指导样本关联特征向量的求取。由于在模糊特征选择树中用虚叶子节点来模糊化处理子节点之间的边界,因此在特征提取树中,也用模糊化的办法来处理边界样本。

所以模糊特征提取树中包括4种节点:非叶子节点、模糊处理节点、叶子节点和指示操作的若干指针。非叶子节点的作用是提取一个有效特征并根据这个有效特征的值决定下一步操作;模糊处理节点的作用是对取值落入交叠区域的样本,做进一步更全面的分析,并以此做出下一操作的指导;叶子节点的作用是给无效特征赋值。

每一个非叶子节点包含4个属性:一个特征,这个特征在模糊关联特征向量中的位置、若干个指向子节点的带有限制条件的指针、类别中心集。其中,特征指示的这一个节点处要求取的特征值;位置标注的是这个特征在模糊关联特征向量中的位置;指针和其限制条件是下一步操作的指示;类别中心集是特征提取过程中要经过此节点的所有类别的类别中心。

每一个模糊处理节点包含两个属性:一是求一个样本的全特征的一系列操作;二是样本模糊隶属度的计算操作。模糊处理节点就是依据输入的样本计算这个样本的全特征,然后依据与之相邻的两个兄弟节点的中心集中的类别中心、式(5.1)和式(5.2)计算出隶属度,然后进入隶属度的那个类别中心所在的子节点,执行相关操作。

每一个叶子节点只包含若干个关联特征向量的位置标志和它们的值,这表明这些未知的特征是无效的,在这个节点处要为它们给定一个合理的值。

（2）无效项取值的计算

需要注意的是,由于交叠区域样本归属性的模糊性和不确定性,无效项的赋值不能像关联特征向量那么随意,因此需要根据模糊特征提取树中的相关参数和训练样本计算每一个叶子节点的无效项的取值。无效项取值的计算步骤如下:

第一步:对模糊特征选择树中的每一个叶子节点,它都代表一个类别,取得训练样本中这个类别的所有样本的特征值。

第二步:找到从根节点到此叶子节点所经历的所有节点的主导特征,并以此找到这个节点的无效特征 x_{wx}。

第三步:对这个叶子节点的每一个无效特征,求得这个类别所有样本这项特征取值的均值 y_{wx},y_{wx} 就是这个叶子节点处的无效特征的取值。

对任何一个样本,只需从特征提取树的根节点开始,提取特征并装入模糊关联特征向量相应位置,并依据已得到的有效特征值和指针依次在各节点处求取所指定的特征并装入模糊关联特征向量相应位置,直到遇到叶子节点,在叶子节点处,给本样本所有的无效特征赋值,这样就可以求得这个样本的模糊关联特征向量。

（3）模糊特征提取树的建立

模糊特征提取树的建立过程如图 5.5 所示。其具体步骤如下:

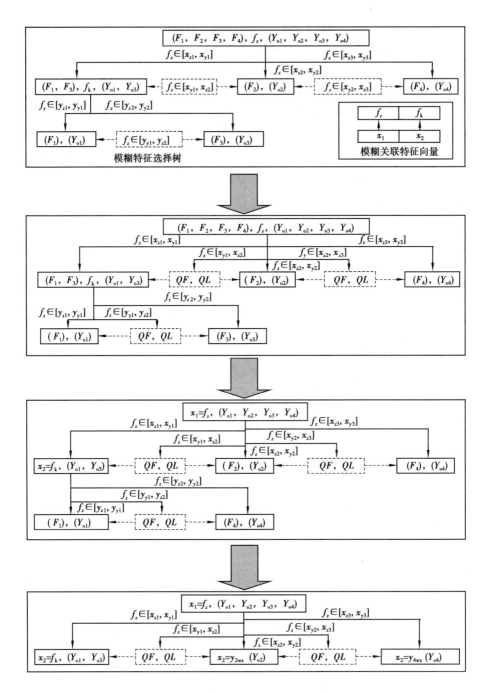

图5.5 模糊特征提取树的生成流程

①求得样本空间的关联特征向量的组成结构和逻辑结构,即关联特征向量的组成和模糊特征选择树。

②将模糊特征选择树的每一个虚叶子节点改装成一个模糊处理节点:对每一个虚叶子节点,从与其相关的两个节点的父节点引一个指针指向它,将其自带的特征取值范围取出来,作为这个指针的限制条件;然后加入次模糊处理节点的全特征求取操作集(QF)、隶属度求取和判断操作集(QF)。

③将模糊特征选择树的每一个非叶子节点改装成一个模糊特征提取树的非叶子节点:对每一个非叶子节点,删除其中的样本空间,加入此非叶子节点中主导特征在模糊关联特征向量中的位置。

④改装和优化叶子节点。对每一个叶子节点,首先清空此节点。其次根据上述无效项取值的计算方法找到此节点的无效项,并计算它们的取值,将无效项及无效项的固定值装入叶子节点中,如果没有无效项,则删除叶子节点。

⑤在任意一个非叶子节点的指针限制条件中,有两个限制条件的一个边界离此节点的主导特征的取值边界最近,用主导特征的取值边界值代替相应的边界,这样,模糊特征提取树就能够指导任何一个可能存在的样本特征提取。

5.4.3　模糊关联特征向量总结

第 4 章中的关联特征向量故障表征模式,以其新奇的结构实现人脑分层分类的特征组织机制,充分挖掘各项特征对故障诊断效力,极力屏蔽特征之间的不良干扰,通过无效特征放大特征对故障表征的积极效果,取得故障诊断在诊断准确率上的突破。然而,对处理存在模式混叠的分类问题中,关联特征向量的各种优势均失效。为了强化关联特征向量对使用环境的健壮性,本章深入分析关联特征向量对模式混叠问题的处理过程,得出导致以上问题的关键原因:关联特征向量在结构产生和特征提取中的"二值逻辑"处理模式。在此基础上,本章将模糊处理技术引入关联特征向量结构产生和特征提取的过程中,以模糊逻辑处理模式来处理各种边界问题,提出了模糊关联特征向量的概念。模糊关联特征向量直接诊断关联特征向量的不足,从本质上优化其处理过程,直接弥补了关联特征向量的缺陷,使关联特征向量这一优秀的故障表征模式能够得以更加广泛的应用。

5.5 基于模糊关联特征向量的故障诊断

为了观察模糊关联特征向量的效果,在这里,将其应用于分类问题数值模拟和滚动轴承的故障诊断问题。每一组仿真试验都分为两个部分:模糊关联特征向量的产生和故障诊断,图 5.6 显示了仿真实验流程。所有的仿真实验都是在相同的环境下进行的,都采用概率神经网络(Probabilistic Neural Networks, PNN)作为分类器,仿真实验的参数设置见表 4.1,所有的试验都重复 20 次,记录分析所有仿真实验结果。

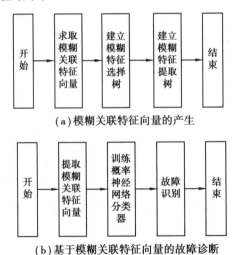

(a)模糊关联特征向量的产生

(b)基于模糊关联特征向量的故障诊断

图 5.6　仿真实验流程图

5.5.1　基于关联特征向量的滚动轴承故障诊断

对表 2.2 滚动轴承故障数据[150],依据第 2 章提出的 UEE-EMD 分解方法将每一条故障数据进行分解分析,可以得到一系列的本征模函数;取前 5 个本征模函数,并计算每一个本征模函数的 20 项时频特征(表 2.3);这样对每一条滚动轴承故障数据,可以得到 100 项时频特征,并用这 100 项特征来表征每一个样本。

由于用于表征样本的这 100 项特征中绝大部分的特征是冗余的或者是对故障分类没有贡献的,本章在第 3 章和第 4 章的研究基础上,基于模糊关联特征向量的故障表征方式,首先采用 5.4.1 节中介绍的方法建立滚动轴承故障数据的模糊关联特征向量的结构,得到其模糊关联特征向量的组成和模糊特征选择树,如图 5.7(a)所示;其次根据 5.4.2 节介绍的方法建立特征提取树,如图 5.7(b)所示,并根据模糊特征提取树提取所有故障数据的模糊关联特征向量,用模糊关联特征向量来表征滚动轴承故障数据;最后将滚动轴承各种故障的模糊关联特征向量输入概率神经网络进行故障诊断。

滚动轴承故障数据的模糊关联特征向量为 $(f_{32}, f_6, f_{95}, f_{19}, f_2)$,滚动轴承同一类别的故障数据之间的平均欧拉距离见表 5.1,不同类别的故障数据之间的平均欧拉距离见表 5.2,故障诊断结果见表 5.3、表 5.4。

表 5.1 所示,用模糊关联特征向量表征的同一类别的故障样本之间的平均欧拉距离,最大值是 0.285 4,平均值是 0.156 6,与表 5.2 中的数据相比,这些数据的值非常小,这说明同一类别的故障样本的分布相对集中;而用相同的特征组成的一般特征向量表征故障数据时,其同一类别的故障样本之间的平均欧拉距离的最大值是 0.285 4,平均值是 0.243 4,因此,相对传统的特征向量,模糊关联特征向量表征的故障的类内集中性明显增强了很多。表 5.2 表示不同类别样本之间的平均欧拉距离,基于模糊特征向量的平均欧拉距离的平均值是 6.615 0,与表 5.1 中的数据相比,这个数据的值很大,这说明不同类别样本之间存在明显的差异;而用相同特征组成的一般特征向量表征故障数据时,其不同类别的故障样本之间的平均欧拉距离的平均值是 1.232 6,所以,相对于传统的特征向量,模糊关联特征向量表征的故障类别之间的分散性得到了突破性的增

强。而与关联特征向量相比,欧拉距离没有明显差别,几乎完全一致,只是在类内紧致性和类间分散性的表征上稍显优势,这说明模糊关联特征向量不仅继承了关联特征向量的优势,还略提升了准确表征故障的能力。

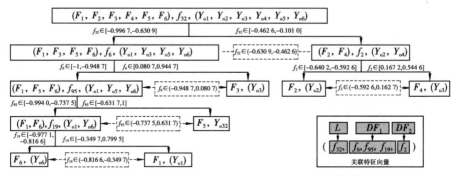

（a）滚动轴承故障的模糊特征选择树和模糊关联特征向量

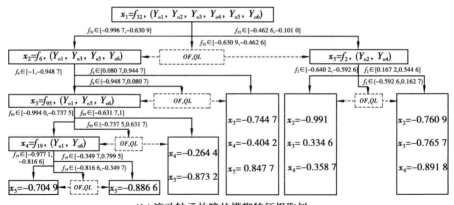

（b）滚动轴承故障的模糊特征提取树

图5.7　滚动轴承故障数据的模糊特征选择树和模糊特征提取树

表5.1　同种类别的滚动轴承故障间的平均欧拉距离

平均欧拉距离	d_{11}	d_{22}	d_{33}	d_{44}	d_{55}	d_{66}
模糊关联特征向量	0.081 0	0.066 7	0.239 3	0.065 7	0.201 2	0.285 4
关联特征向量	0.081 0	0.066 7	0.239 4	0.065 7	0.201 4	0.285 4
$(f_2, f_6, f_{19}, f_{32}, f_{95})$	0.081 0	0.282 9	0.269 7	0.164 6	0.376 8	0.285 4

表 5.2 不同类别的滚动轴承故障间的平均欧拉距离

平均欧拉距离	d_{12}	d_{13}	d_{14}	d_{15}	d_{16}	d_{23}	d_{24}	d_{25}
模糊关联特征向量	10.314 0	8.493 1	10.308 9	5.392 4	0.986 0	4.570 8	0.099 2	8.077 3
关联特征向量	10.314 0	8.493 0	10.308 8	5.932 4	0.986 0	4.570 8	0.099 2	8.077 3
$(f_2, f_6, f_{19}, f_{32}, f_{95})$	1.530 5	1.563 9	0.654 4	0.871 1	0.986 0	1.888 2	1.258 3	0.992 7
平均欧拉距离	d_{26}	d_{34}	d_{35}	d_{36}	d_{45}	d_{46}	d_{56}	
模糊关联特征向量	9.745 2	4.562 2	5.573 4	7.800 8	8.071 3	9.739 9	4.951 4	
关联特征向量	9.745 1	4.562 2	5.573 3	7.800 7	8.071 3	9.739 9	4.951 4	
$(f_2, f_6, f_{19}, f_{32}, f_{95})$	1.450 9	1.382 9	1.546 3	1.555 2	0.965 9	1.154 0	0.689 4	

表5.3　基于模糊关联特征向量的滚动轴承故障诊断结果

故障类别	诊断准确率/%	特征提取时间/ms	训练时间/ms	诊断时间/ms
$F1$	100	228	386	263
$F2$	100	237	369	255
$F3$	99.71	230	373	247
$F4$	100	229	398	236
$F5$	99.74	235	392	253
$F6$	100	224	379	247

表5.4　滚动轴承故障诊断对比

特征向量	诊断准确率/%	特征提取时间/ms	训练时间/ms	诊断时间/ms
模糊关联特征向量	99.91	231	383	250
关联特征向量	99.71	117	385	251
相同5项特征向量	95.87	223	382	256
随机5项特征向量	66.19	215	387	234
100项全特征向量	96.47	2 669	1 374	1 114

表5.3显示了基于模糊关联特征向量的滚动轴承故障诊断的结果,6种故障的平均诊断准确率分别为100%,100%,99.71%,100%,99.74%和100%,这说明基于模糊关联特征向量的故障表征方法对每一种故障的表征都是非常有效的。表5.4显示了模糊关联特征向量与其他特征向量的诊断结果对比,其中,基于模糊关联特征向量的平均诊断准确率为99.91%,而基于相同特征组成的一般特征向量的平均诊断准确率为95.87%,基于全部100项特征组成的一般特征向量的平均诊断准确率是96.47%。由此可知,对滚动轴承故障诊断,基于模糊关联特征向量的方法取得了诊断准确率的突破。在特征提取时间、分类器训练时间和故障诊断时间上,基于模糊关联特征向量的诊断方法的时间消耗几乎是最小的,远远小于原始特征全集,这说明利用模糊关联特征向量表征故障样本可以取得满意的诊断效率。相对于关联特征向量,模糊关联特征向量在准确率上也有提升,这说明模糊化的边界处理方法有效地改善了关联特征向量

的不足,提高了故障表征的准确性;但是模糊关联特征向量在特征提取的过程中消耗了更多的时间,这是模糊处理造成的,这样的时间消耗也是可以满足实际应用需求的。

5.5.2　基于模糊关联特征向量的分类问题数值模拟

仿真实验所用的数据都来自 UCI 数据库和 Statlog 数据集,见表 5.5。对每一种分类数据,首先采用 5.4.1 节中介绍的方法建立相应的模糊关联特征向量的结构,得到其模糊关联特征向量的组成和模糊特征选择树;其次依据 5.4.2 节介绍的方法建立模糊特征提取树。依照模糊特征提取树的指示,提取所有故障数据的模糊关联特征向量,并用模糊关联特征向量来表征所有样本数据;最后将样本数据的模糊关联特征向量输入概率神经网络进行分类。重复实验 20 次,记录平均识别率。

表 5.5　数值仿真数据集

数据	样本空间大小	来源	类别	特征集大小
Iris	150	UCI	3	4
Seed	210	UCI	3	7
Segment	1 650	Statlog	5	18

仿真数据集 Iris,Seed 和 Segment 的模糊关联特征向量为 (x_4, x_3),(x_7, x_5) 和 (x_{12}, x_{19}, x_3),对这 3 个数据集,分别都用模糊关联特征向量、关联特征向量、与模糊关联特征向量成分相同的一般特征向量、全特征向量 4 种方式来表征样本,进行 4 组对比试验,分类结果对比见表 5.6,Segment 数据的散点图如图 5.8 所示。

表 5.6 中,对 Iris 和 Seed 的识别,基于模糊关联特征向量的识别准确率与关联特征向量几乎一致,这是因为这两类样本中只存在很少的混叠样本,且由于样本类别比较少、特征维度底,混叠样本没有阻碍关联特征向量的建立,也使得模糊关联特征向量的处理过程退化到与关联特征向量一致。因此,当样本数

表5.6 分类结果对比

数据	类别	模糊关联特征向量		关联特征向量		同样组分的一般特征向量		全特征向量	
		准确率/%	均值	准确率/%	均值/%	准确率/%	均值/%	准确率/%	均值/%
Iris	I_1	100	97.79	100	97.78	100	90.7	100	91.67
	I_2	98.31		98.33		90.67		93.33	
	I_3	95.06		95		81.43		81.67	
Seed	S_1	95.22	97.93	95.24	97.94	80.24	88.74	81.43	90.32
	S_2	98.56		98.57		89.57		90.95	
	S_3	100		100		96.43		98.57	
Segment	S_1	99.10	99.21	由于模式混叠明显，无法建立关联特征向量		97.88	98.55	100	96.36
	S_2	100				99.10		100	
	S_3	96.97				95.76		84.55	
	S_4	100				100		100	
	S_5	100				100		97.27	

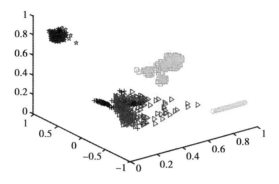

（a）模糊关联特征向量

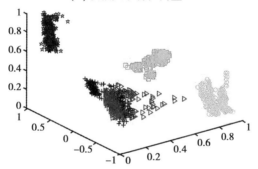

（b）组分相同的一般特征向量

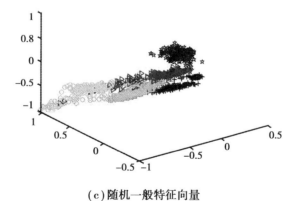

（c）随机一般特征向量

图 5.8　Segment 散点图

据混叠模式少,相互之间的关系比较简单时,关联特征向量就可以很好地完成识别任务。而数据集 Segment 样本类别多、特征维度高、模式混叠关系普遍存在且关系复杂,所以,无法建立关联特征向量,模糊关联特征向量不仅能很好地完成识别任务,还极大地提高了识别准确率。同时,图 5.8 也清晰地显示了模糊关联特征向量对样本表征的优势。因此,模糊关联特征向量不仅继承了关联特征向量优秀的结构模式,还很好地克服了关联特征向量对混叠模式迟钝的弱点,提高了健壮性和普适性。

5.6　本章总结

模糊关联特征向量是在第 4 章关联特征向量的基础上提出来的,它旨在继承关联特征向量优秀的特征选择机制、特征组织机制和出色的诊断准确率、诊断效率的同时,进一步提高在不同使用环境下的健壮性,以期能更好地完善和强化关联特征向量的理论,利用其高效的特征选择和特征组织机制解决更多的问题。

模糊关联特征向量摒弃了关联特征向量在建立和应用过程中对类别边界的"二值化"逻辑处理模式,采用更具普适性的模糊逻辑模式来处理类别的边界。因此,在模糊关联特征向量中,类别的边界不再是一条明晰界线,而是一个较宽的过渡区域。过渡区域的样本的归属是不确定的,要想确定它们的归属,必须根据更多更有效的线索进行更有说服力的推断。模糊关联特征向量以全特征向量为参照向量设计合理的模糊隶属度来判定过渡区域的样本的归属,这种处理方法直接改善了关联特征向量的处理模式,增强了其对模式混叠问题的适应能力。

模糊关联特征向量虽然减小了特征选择过程中可能产生的误差,抑制了关联特征向量中主导特征对依赖特征提取的误导。却忽略了处于特征选择树最末端的优先级最低的特征上产生的交叠现象及其对故障诊断的干扰,这种干扰在很多情况下严重影响了诊断的准确率,所以如何排除这种干扰,也是值得研究的问题。

第 6 章　轴心轨迹的直观特征及模仿人眼的轴心轨迹识别

6.1 引 言

随着机械结构的日趋复杂,发生故障的风险也在逐渐加大,一旦故障发生,将会导致严重的故障后果和惨重的经济损失。因此,及时捕捉故障信息并加以识别,对实时监控机械运行状态,预测和防止故障的发生具有重要意义。旋转机械最常见、最主要的故障就是轴系振动故障[98],由振动信号合成的轴心轨迹,携带了很多轴系振动信息和故障征兆,因此,其形状特征对判断旋转机械转子轴系故障非常重要,例如,转子不对中、不平衡、油膜涡动等故障,对应的轴心轨迹分别为香蕉形或外“8”字形、椭圆形、内“8”字形[168]。因此,旋转机械轴系故障诊断问题可以转化为轴心轨迹识别问题[95,96],基于轴心轨迹识别的故障诊断方法近年来备受关注[12,169]。

轴心轨迹的识别是一种非常重要的旋转机械故障诊断手段,而轴心轨迹的特征便是这一故障诊断的核心基础。传统的基于图像处理的轴心轨迹识别常用的特征提取方法包括快速傅里叶变换、小波变换、傅里叶描绘字、脉冲耦合神经网络等复杂的图像特征提取,这些方法可以在一定程度上有效表征轴心轨迹的形状,为轴心轨迹的识别奠定基础,但是这些方法都是针对复杂的图像处理设计的,将它们应用在简单的轴心轨迹的形状表征就显得有些不适应和资源浪费。另外,链码和几何特征等简单的特征很适合简单的轴心轨迹形状表征,只是它们的稳定性不高,不能准确表征轴心轨迹的形状。

6.2 轴心轨迹特征和识别研究现状

特征提取是轴心轨迹图像识别的一个关键环节,所提取的特征将直接影响轴心轨迹识别和故障诊断的可靠性[98]。传统的图像特征提取方法主要包括区域特征提取和边界特征提取。区域特征提取方法有快速傅里叶变换（FFT）[99-100]、小波变换（WT）[67, 101, 170]和脉冲耦合神经网络（PCNN）[102]，其中，FFT 能够展现信号的时频域特征，却不能描述信号的瞬时突变和图像的边缘[98]；WT 克服了 FFT 的弱点，可以处理短期低能瞬时信号和图像的边缘，但是浮点操作制约了它的实时性[98]；PCNN 非常适用于实时处理，然而其参数设置困难一直没能克服。边界特征提取方法包括傅里叶描绘子（FD）[103, 171]、链码[168, 172]和不变矩[104, 175,176]，尽管 FD 可以巧妙地将二维信息转换成一维信息，但是它对边界的起点和图像的变换非常敏感，而链码的不稳定性导致链码不能独立准确地描述轴心轨迹形状[169]，不变矩方法的去噪处理往往造成故障信息的丢失[105]。

传统的图像特征提取方法都能较准确地把握轴心轨迹图像信息，在轴心轨迹的识别中也取得了令人满意的效果，但是以下问题仍是严重制约轴心轨迹准确表征和识别的瓶颈：

①单方面的特征丢失了很多与形状密切相关的信息。

②所得特征不是形状的决定因素，因此特征与形状之间的联系不稳定。

③特征与形状之间的对应关系极为复杂。

6.3　直观特征和模仿人眼的轴心轨迹识别方法的提出

从 6.1 节和 6.2 节的内容可知，用传统的图像处理方法表征轴心轨迹时还存在一些不适应：

①复杂方法与简单对象之间的不适应，这种不适应直接将简单问题复杂化处理，增加了计算的复杂度，造成资源浪费。

②在特征提取的过程中还存在信息提取不全面、所得信息不能揭示形状之

间的本质区别、细节信息对宏观形状表征的干扰等问题。因此,传统的图像特征并不能完成轴心轨迹的全面准确表征。

与种类繁多而纷呈的智能形状表征和识别方法相比,人眼在识别轴心轨迹时,有着无可比肩的灵敏度和速度。旋转机械不同故障状态下最典型的轴心轨迹形状主要包括椭圆、内"8"、外"8"和香蕉 4 种[175]。图 6.1(a)展示了人眼识别这 4 种典型的轴心轨迹的过程,与现有的各种轴心轨迹自动识别方法相比,其可靠性和准确性是非常突出的,产生这种优势的原因如下:

①人眼只关注不同轴心轨迹之间最明显的差异,能够很好地把握最有效的信息。

②人眼能有效集成结构、区域和边界 3 个方面的有效信息,使得轴心轨迹的表征更加准确。

③人眼所提取特征对轴心轨迹的形状起决定性作用,所得特征与轴心轨迹形状之间的对应关系明确且稳定。

如果能够将人眼在识别轴心轨迹时最关注的特征提炼出来,并设计合理的计算方法模拟人眼对这些特征的处理机制,势必可以得到轴心轨迹最全面、最本质和最灵敏的表征,给轴心轨迹的识别提供一个更为有效的数据基础。在这个数据基础上,利用先进的智能分类方法实现轴心轨迹的分类也一定能得到出色的分类效果。为了实现对人眼识别轴心轨迹识别机制的模仿,本章提出了轴心轨迹直观特征的概念和模仿人眼的轴心轨迹识别方法。

6.3.1 直观特征

从图 6.1(a)可以看出,人眼在识别轴心轨迹的过程中只关注轴心轨迹最明显的特点和差异,着重关注最宏观最明显的信息,完全忽略细节信息的干扰。因此,本章将这些特征定义为轴心轨迹直观特征,包括宏观拓扑参数(MTP)、全局凹凸性程度(GCCD)和边界层次特性(BLF)。其中,宏观拓扑参数(MTP)描述轴心轨迹在结构上最直观最明显的特征;全局凹凸性程度(GCCD)描述轴心轨迹区域的宏观凹凸性,它不是简单地描述图像是"凸的"或者"凹的",而是反映图像"凹"的程度,是一个连续的取值。边界层次特性(BLF)描述的是图形的边界特征,主要是为了突出内"8"的"环中环"特点,这是内"8"最明显的特征。

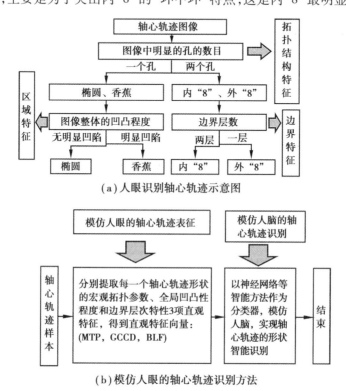

(a) 人眼识别轴心轨迹示意图

(b) 模仿人眼的轴心轨迹识别方法

图 6.1　模仿人眼的轴心轨迹识别方法

6.3.2　模仿人眼的轴心轨迹识别方法

直观特征提炼出了人眼识别轴心轨迹时关注的特征,实现了模仿人眼的轴心轨迹描述,这为轴心轨迹的识别奠定了一个非常优秀的数据基础。在这个基础上,本章为了模仿人眼识别轴心轨迹的全过程,提出了模仿人眼的轴心轨迹识别方法。如图 6.1(b) 所示,它以直观特征的融合模仿人眼对轴心轨迹特征的把握,只关注各种轴心轨迹之间最明显的差异和对形状有决定性作用的特征,完全忽略细节信息的干扰,通过结构、区域、边界 3 个方面的全面融合完成对轴心轨迹形状全面准确灵敏的描述；它以神经网络等智能方法模仿人眼区分轴心轨迹形状的过程，实现轴心轨迹的智能识别。

6.4　轴心轨迹直观特征的定义和计算

本章定义的轴心轨迹直观特征包括宏观拓扑参数（MTP）、全局凹凸性程度（GCCD）和边界层次特性（BLF）。这里将分别介绍它们各自的定义和计算方法。

6.4.1　直观特征的定义

（1）宏观拓扑参数（MTP）的定义

欧拉数是可以反映图像拓扑结构特征的参数，二维图像的欧拉数被定义为图像中连接体数与孔洞数的差[176]：

$$E = C - H \tag{6.1}$$

式中　E——图像的欧拉数；

　　　C——图像中连接体的数目；

　　　H——孔洞的数目。

林小竹等提出的基于图段和图段相邻数的二值图像欧拉数计算方法如下[21]：

$$E = \sum_{m=1}^{M} \sum_{k=0}^{K} (1 - V_{mk}) \tag{6.2}$$

式中　M——图像的行数；

　　　K——第 m 行上的图段数；

　　　V_{mk}——图像第 m 行中第 k 个图段的上相邻数。

二值图像中，图段是每一行或每一列中连续且值为 1 的像素串，如图 6.2 所示[176]。

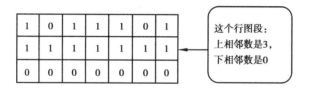

（a）行图段

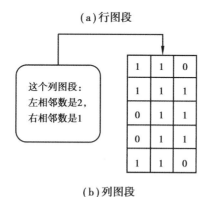

（b）列图段

图 6.2　图段和相邻数

椭圆、内"8"、外"8"和香蕉 4 种轴心轨迹宏观上的欧拉数分别是 0,-1,-1 和 0,可以直观地反映轴心轨迹的结构特征和差异。然而,旋转机械的轴心轨迹通常都是不规则的平面图形,且夹杂着一些噪声,这些会导致轴心轨迹图像中存在一些不影响图形整体形状但是却能改变图形欧拉数的微型小孔,且微型小孔的数目是随机的,这种随机性严重破坏了图形欧拉数的稳定性。

为了抓取图像的宏观结构特征,本章定义了轴心轨迹的第一项直观特征-宏观拓扑参数（MTP）：

$$MT = E + NH \tag{6.3}$$

式中　MT——宏观拓扑参数（MTP）；

　　　E——欧拉数；

　　　NH——微型小孔数。

MTP 能够屏蔽微型小孔的影响,准确地描述图形的宏观结构特性,成功模仿了人眼对图形结构的宏观把握。由于微型小孔的统计可能会存在少量的误

差,需要结合旋转机械 4 种典型轴心轨迹本身的特性,对 E' 作如下修正:

$$MT' = \begin{cases} -1, MT \leqslant 1 \\ 0, MT \geqslant 0 \end{cases} \tag{6.4}$$

式中　MT'——修正后的 MTP;

　　　MT——原始的 MTP。

(2)全局凹凸性程度(GCCD)的定义

图像区域的凹凸性定义为:如果图像内部或者边界的任意两点之间的连线都不经过图像外部的区域,则图像是凸的;否则,图像是凹的。凹凸性是一种重要的图像特征,被广泛用于图像识别[177]。对轴心轨迹识别,传统图像凹凸性还存在以下缺陷:

①工程实际中轴心轨迹是不规则不平滑的,整体的凹凸性很容易被局部的凹陷性蒙蔽;

②不可避免的噪声干扰会导致和加强宏观凹凸性被蒙蔽的问题;

③传统的凹凸性基本不能反映不同轴心轨迹之间的差异,图像整体的宏观凹凸程度才能区分不同的轴心轨迹图形。

为了准确获取轴心轨迹宏观凹凸特性,本章定义了轴心轨迹的第二项直观特征-全局凹凸性程度(GCCD):

$$GCCD = \frac{ON}{\dfrac{PD(PD-1)}{2}} \tag{6.5}$$

式中　GCCD——全局凹凸性程度(GCCD)的值;

　　　PD——从图形边界上按照一定比例均匀抽取的像素点的数目;这 PD 个
　　　　　　像素点中任意两个之间都有一条线段,ON 表示这些线段中经过
　　　　　　图形外部区域的线段的数目。只要 PD 的取值适当,GCCD 就能
　　　　　　屏蔽图形局部的凹陷性,准确反映图形整体的凹凸程度,成功模
　　　　　　仿人眼对图形凹凸程度的整体把握。另外,GCCD 的抗噪声干扰
　　　　　　能力和计算速度也都有可观的提高。

　　然而,外"8"和香蕉的 GCCD 分布范围很广,且其中较小的取值更接近于椭圆和内"8"的 GCCD 分布范围,这将导致不同轴心轨迹特征的混叠,不利于识别,特别是严重影响了椭圆和香蕉的准确识别。为了克服这一问题,对 GCCD 作如下修正:

$$GCD' = \begin{cases} GCD, & GCD \leqslant fc \\ GCD+g, & GCD > fc \end{cases} \tag{6.6}$$

式中　GCD'——修正后的全局凹凸性;

　　　　GCD——全局凹凸性的原始值;

　　　　fc——一个阈值,在本节取椭圆的最大 GCD 和香蕉的最小 GCD 均值;

　　　　g——一个人为加入的间隔值。

　　(3)边界层次特性(BLF)的定义

　　边界层数反映了一些直观且重要的图形信息,利用边界层次特性(BLF)来描述这一特征,其定义如下:

$$B = \begin{cases} 1, & l_c = 1 \\ 2, & l_c = 2 \end{cases} \tag{6.7}$$

式中　B——边界层次特性(BLF);

　　　　l_c——边界的层数。

　　BLF 反映了一项非常明显、有效且能够在一定程度上决定了图形形状的特性,它近乎准确地模仿了人眼对轴心轨迹边界特征的宏观把握。

6.4.2　直观特征的计算方法

　　准确计算 MTP,GCCD 和 BLF 并不是一件容易的事情,轴心轨迹的不规则性和其不平滑的边界是最大的阻碍。与轴心轨迹相似的多边形可以很好地克服这些弱点,更重要的是,只要多边形与轴心轨迹足够相似,那么它们的 MTP, GCCD 和 BLF 也是足够相近的,如图 6.3(a)所示。因此,本节将以相应的相似多边形代替轴心轨迹来提取 MTP,GCCD 和 BLF。鉴于本节所用到的特征都是图形的宏观特征,因此,对相似多边形的要求无须太严格,按适当的比例(CP)从图形的边界上均匀有序地取出像素点,再依次连接这些像素点,就能得到满意的相似多边形,轴心轨迹直观特征向量的求取过程如图6.3(b)所示。

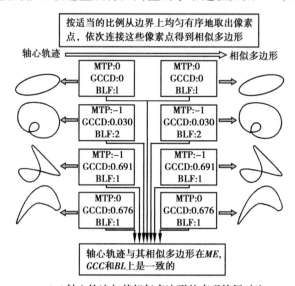

（a）轴心轨迹与其相似多边形的直观特征对比

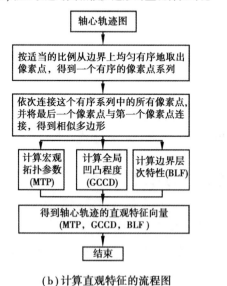

（b）计算直观特征的流程图

图6.3　直观特征向量的计算

（1）宏观拓扑参数（MTP）的计算方法

计算 MTP 的关键是消除微型小孔的影响，本节提出了一种基于小孔填充和小孔统计相结合的方法来解决这个问题，如图 6.4（a）所示。首先，求取相似多边形，因为相似多边形的边都是直线段，所以它可以很好地消除轴心轨迹边界的不规则性和不平滑性，从本质上克制了微型小孔的产生，可以消除大部分的微型小孔。其次，填充小孔，对可能存在的微型小孔进行填充，如果某一行两个图段之间的 0 像素的个数小于填充直径（FT），将这两个图段之间的 0 像素变成 1 像素；对填充后的图形，按照式（6.2）计算欧拉数（E），同时记录可能的小孔起点（HB）和小孔终点（HE），HB 指下相邻数大于 1 的图段，HE 指上相邻数大于 1 的图段；通过 HB 和 HE 的匹配获得 NH，HB 和 HE 的匹配过程如图 6.4（b）所示；最后，利用前面提到的各项参数值，依据式（6.3）和式（6.4）来求取轴心轨迹的 MTP。其中，HB 和 HE 匹配的条件是：两者纵横距离都不大于孔径（HT）；HB 所在的行的编号小于 HE 所在行的编号；每个 HB 和每个 HE 都只能参与一次匹配。

（2）全局凹凸性程度（GCCD）的计算方法

全局凹凸性的计算非常简单，其具体过程如下：

第一步：按照上述介绍的方法获得相似多边形，使轴心轨迹的边界变得简单平滑，方便后面填充步骤的进行。

第二步：填充多边形，使其内部、边界和外部的像素值分别为 2,1,0。

第三步：最后计算全局凹凸性程度（GCCD），从边界上均匀取出 PD 个像素点，对这 PD 个像素点中任意两个像素点之间的连线段，判断它是否经过轴心轨迹的外部区域。

第四步：统计经过轴心轨迹外部区域的线段的条数 ON。

第五步：最后按照式（6.5）式（6.6）计算 GCCD。

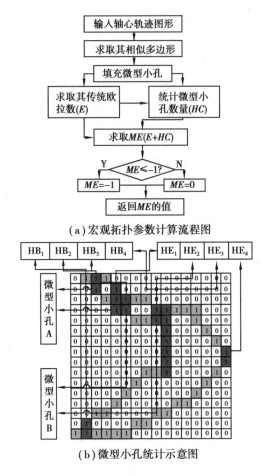

（a）宏观拓扑参数计算流程图

（b）微型小孔统计示意图

图 6.4　宏观拓扑参数（MTP）的计算

　　判断一条线段是否经过轴心轨迹外部区域的办法，是检查它是否包含像素值为 0 的像素点。此处所计算的全局凹凸程度具有全局性和直观性，只关注图形整体的直观凹凸程度，不关心局部的微弱凹凸性。因此，在判断一条线段是否经过轴心轨迹外部像素时没必要检查线段上的每一个像素点，只需按照一定的比例均匀有序地抽取一部分像素点进行检查即可。本章对每一条线段均匀抽取 20 个像素点检查它们的像素值是否为 0，如果存在像素值为 0 的像素点，那么这条线段就经过轴心轨迹的外部区域。

(3)边界层次特性(BLF)的计算方法

边界层次特性(BLF)的计算方法包括填充、扫描和计算 3 个主要部分,其计算步骤如下:

首先,按照上述方法求取轴心轨迹的相似多边形,再填充这个相似多边形,使其内部、边界和外部的像素值分别为 2,1,0。

然后,扫描图形,并获得相应的扫描字符串集(ISSS),如图 6.5 所示,对多边形的每一行,当像素值发生变化且不为 0 时,记录其像素值,并将每一行记录的所有像素值按顺序连成一个字符串存入 ISSS,如下:

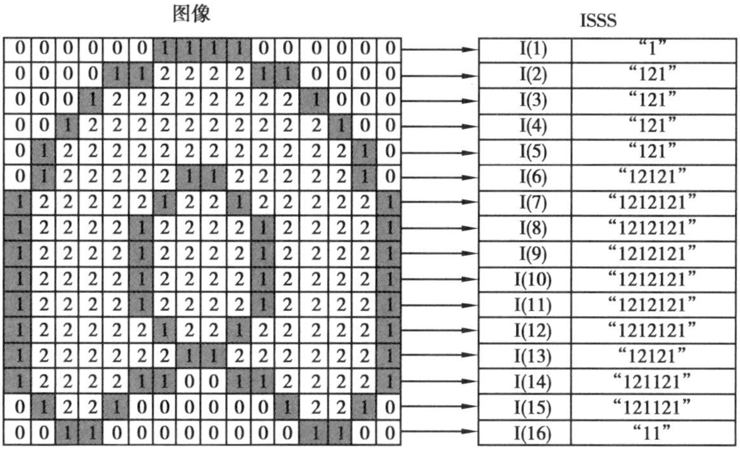

图像	ISSS	
	I(1)	"1"
	I(2)	"121"
	I(3)	"121"
	I(4)	"121"
	I(5)	"121"
	I(6)	"12121"
	I(7)	"1212121"
	I(8)	"1212121"
	I(9)	"1212121"
	I(10)	"1212121"
	I(11)	"1212121"
	I(12)	"1212121"
	I(13)	"12121"
	I(14)	"121121"
	I(15)	"121121"
	I(16)	"11"

图 6.5 扫描字符串集

$$\text{ISSS}(I(1), I(2), \cdots, I(k)) \tag{6.8}$$

式中 n——ISSS 的大小;

$I(k)$——扫描多边形的第 k 行得到的字符串。

统计 ISSS 中与"1212121"相同的字符串的数目 NS;通过下式计算 BLF:

$$B = \begin{cases} 1, NS \leq bt \\ 2, NS > bt \end{cases} \tag{6.9}$$

式中 NS——第四步得到的值;

bt——一个阈值。

6.5　基于直观特征融合的轴心轨迹形状表征

　　表征形状的特征向量是一个决定轴心轨迹识别效果的重要因素,必须要有很好的变换不变性和很强的轴心轨迹区分能力。本章所用的特征向量由 MTP,GCCD 和 BLF 3 个特征项构成,融合了结构、区域和边界 3 个方面的信息,是一种基于特征融合的形状表征方法。从定义可以看出,由于 MTP,GCCD 和 BLF 都只与轴心轨迹的形状相关,具有对旋转、平移和缩放变换的不变性,因此,特征向量也继承了这种不变特性。MTP,GCCD 和 BLF 从结构、区域和边界 3 个方面集成了反映不同轴心轨迹最明显差别的重要信息,且 3 项信息相互补充,增强了区分能力,显然特征向量能够很好地区分不同的轴心轨迹。

　　特征向量的不变性和区分能力都可以用欧拉距离来衡量:原始图像特征向量与其变换形式特征向量之间的欧拉距离越小,说明特征向量的变换不变性越好;要想特征向量对轴心轨迹的表征能力强,则特征向量必须能够很好地区分不同类别的轴心轨迹,这就要求不同类别轴心轨迹特征向量之间的欧拉距离要尽可能大。欧拉距离定义如下[178]:

$$MSE = \sqrt{\sum_i (h(i) - g(i))^2} \qquad (6.10)$$

式中　$i = 1, 2, \cdots, n$——特征向量的维度;

　　　　h, g——两个维数相同的向量;

　　　　MSE——h 和 g 之间的欧拉距离。

　　为了观察直观特征向量对轴心轨迹形状的表征能力,选取各组样本各 20 个,计算其 MTP,GCCD 和 BLF 分别见表 6.1、表 6.2、表 6.3。对如图 6.6(a)中所示的图形,分别计算其直观特征向量,并绘制其特征向量柱状图如图 6.6(b)所示,计算图 6.6(a)4 种轴心轨迹图形与其自身变换形式之间的欧拉距离见表6.4,计算 6.6(a)4 种轴心轨迹图形相互之间的欧拉距离见表6.5。

表 6.1 显示,椭圆、内"8"、外"8"和香蕉的 MTP 分别为 $0, -1, -1$ 和 0;表 6.2 的数据反映如下结论:大部分椭圆样本是凸的,只有少量是局部微弱凹陷的;大部分的内"8"样本是凸的或者是局部微弱凹陷的,只有少量是凹的;外"8"和香蕉样本都明显是凹的;表 6.3 显示,内"8"的 BLF 为 2,其他 BLF 都为 1。这与人眼对轴心轨迹特征的把握是一致的,很显然,MTP,GCCD 和 BLF 成功地实现了人眼对轴心轨迹特征的宏观全面准确把握,这将为轴心轨迹的识别奠定有力的基础。

表 6.1　宏观拓扑参数

样本类型	样本 MTP
椭圆	$\{0,0,0,0,0,0,0,0,0,0,0,0,0,0,0,0,0,0,0,0\}$
内"8"	$\{-1,-1,-1,-1,-1,-1,-1,-1,-1,-1,-1,-1,-1,-1,-1,-1,-1,-1,-1\}$
外"8"	$\{-1,-1,-1,-1,-1,-1,-1,-1,-1,-1,-1,-1,-1,-1,-1,-1,-1,-1\}$
香蕉	$\{0,0,0,0,0,0,0,0,0,0,0,0,0,0,0,0,0,0,0\}$

表 6.2　全局凹凸程度

样本类型	椭圆	内"8"	外"8"	香蕉
GCCD 分布范围	$0 \sim 0.015$	$0 \sim 0.345$	$0.345 \sim 0.736$	$0.345 \sim 0.736$
平均 GCCD	0.002 6	0.022 7	0.656 4	0.575 4

表 6.3　边界层次特性

样本类型	样本 BLF
椭圆	$\{1,1,1,1,1,1,1,1,1,1,1,1,1,1,1,1,1,1,1,1\}$
内"8"	$\{2,2,2,2,2,2,2,2,2,2,2,2,2,2,2,2,2,2,2,2\}$
外"8"	$\{1,1,1,1,1,1,1,1,1,1,1,1,1,1,1,1,1,1,1,1\}$
香蕉	$\{1,1,1,1,1,1,1,1,1,1,1,1,1,1,1,1,1,1,1\}$

表 6.4 中所有欧拉距离都是可以忽略的,这说明 4 种典型的轴心轨迹和其

变换形式在特征向量上是基本一致的,证明了特征向量具有缩放、旋转和平移的不变性。表6.5 中的数据都是有效的,这说明不同轴心轨迹的特征向量差别明显,证明了特征向量对不同轴心轨迹的区别能力很强。图6.6(b)显示,轴心轨迹各种变换形式的直观特征向量与其自身的直观特征向量基本是一样的,不同的轴心轨迹的直观特征向量有着明显的差异,这进一步证明了本章模仿人眼提取的轴心轨迹特征具有很好的变换不变性和区分性能。

表6.4　轴心轨迹与其旋转、尺度和平移变换之间的欧拉距离

EMS	旋转	尺度	平移
(a)	0	0	0
(b)	0.015	0	0
(c)	0.015	0.015	0
(d)	0	0.015	0

表6.5　不同轴心轨迹之间的欧拉距离

EMS	(a)	(b)	(c)	(d)
(a)	0	1.414	1.314	0.691
(b)	1.414	0	0.853	1.574
(c)	1.314	0.853	0	1.118
(d)	0.691	1.574	1.118	0

综上所述,本章所提出的4项直观特征分别从结构、区域和边界3个方面成功模拟了人眼对轴心轨迹特征的把握,能够如同人眼般灵敏地提取宏观的直观的特征,自主屏蔽细节信息的影响。由这3项直观特征组成的特征向量只关注各类轴心轨迹之间最明显的差异,只提取对轴心轨迹形状具有一定决定作用的相关特征,综合考虑结构、区域和边界这3方面的有效信息,成功模仿了人眼对轴心轨迹形状的宏观全面把握,实现了对轴心轨迹形状的简单准确表征,为

后续的轴心轨迹识别奠定了一个非常优秀的数据基础。

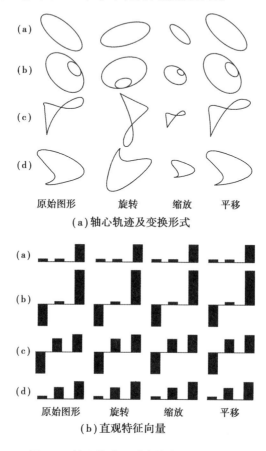

图 6.6　轴心轨迹及对应的直观特征向量

6.6　模仿人眼的轴心轨迹识别

6.6.1　轴心轨迹

　　旋转机械的轴心轨迹反映了转子旋转时轴上任意一点在其旋转平面内相对于轴承座的运行轨迹。轴心轨迹携带了很多机组轴系振动信息,其形状特征对判断机组转子轴系故障非常重要[168]。因此,轴心轨迹识别是一种很重要的旋转机械故障诊断手段。前人的研究已经证明,旋转机械几种典型故障状态下的轴心轨迹形状见表6.6[168]。本节以旋转机械4种典型的故障轴心轨迹的识别为例,证明模仿人眼的轴心轨迹识别方法的有效性。

表6.6　旋转机械几种典型故障下的轴心轨迹

故障状态	不平衡	油膜涡动	不对中	不对中和不平衡
轴心轨迹形状	椭圆	内"8"	外"8"	香蕉

本节所用的样本轴心轨迹数据都是通过在 MATLAB 环境下仿真得到256×256 像素的轴心轨迹图片,其仿真式[4]为:

$$\begin{cases} x(t) = A_1 \sin(\omega t + \alpha_1) + A_2 \sin(2\omega t + \alpha_2) \\ y(t) = B_1 \cos(\omega t + \beta_1) + B_2 \cos(2\omega t + \beta_2) \end{cases} \quad (6.11)$$

式中　ω——角速度;

　　A_1, A_2, α_1 和 α_2——x 方向振动基波和二次谐波的振幅和初相;

　　B_1, B_2, β_1 和 β_2——y 方向振动基波和二次谐波的振幅和初相。

6.6.2　模仿人眼的轴心轨迹识别

实验样本包括椭圆、内"8"、外"8"和香蕉4种典型的旋转机械轴心轨迹数据,首先依据式(6.11)在 Metlab 环境下仿真得到4种类型的轴心轨迹图形各50组,图6.7 显示了部分仿真实验所用的样本。实验包括以下两个部分:一是验证特征向量对旋转机械典型轴心轨迹的区分能力;二是验证模仿人眼的轴心轨迹识别方法在旋转机械轴心轨迹识别中的效率。实验流程如图6.8所示,试验中相关参数的设置见表6.7。

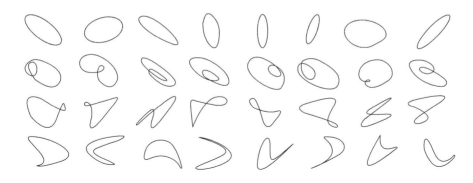

图 6.7 部分轴心轨迹样本

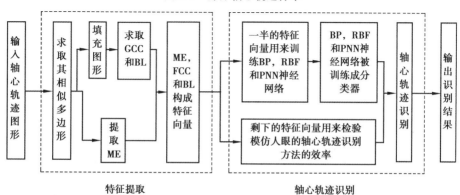

图 6.8 实验流程图

表 6.7 相关参数设置

参数	FT	ND	f_c	g	CP	b_t
值	4	11	0.030 3	0.3	1/10	5

(1)直观特征向量对 4 种轴心轨迹表征的准确性

对仿真实验得到的 200 组样本数据,首先根据 6.4 节介绍方法依次提取它们的直观特征向量,然后根据式(3.5)计算各类别轴心轨迹样本之间的平均欧拉距离见表 6.8。

表6.8 不同类别轴心轨迹之间的平均欧拉距离

EMS	椭圆	内"8"	外"8"	香蕉
椭圆	**0.001 9**	1.431 9	1.194 8	0.573 1
内"8"	1.431 9	**0.002 3**	1.088 3	1.472 4
外"8"	1.194 8	1.088 3	**0.003 5**	1.102 7
香蕉	0.573 1	1.472 4	1.102 7	**0.003 2**

表6.8所示的是各种类别的轴心轨迹之间的平均欧拉距离。其中,对角线上的黑体数据表示的是同一类别的样本之间的平均欧拉距离,最大值是0.003 5,平均值是0.002 7,与表6.8中其他数据相比,这些数据值非常小,说明同一类别的轴心轨迹样本的分布相对集中;其他数据都表示不同类别轴心轨迹之间的平均欧拉距离,其最小值是0.573 1,平均值是1.143 8,与表中对角线上的数据相比,这些数据值相当大,说明不同类别的轴心轨迹之间存在非常明显的差异。因此,直观特征向量能很好地表征旋转机械4种典型的轴心轨迹,为这4种轴心轨迹的识别奠定了一个非常有效的数据基础,为旋转机械故障诊断提供了一个新的数据预处理方法。

(2)轴心轨迹识别实验

首先,对仿真实验得到的200组实验数据,按照如图6.8所示的流程进行模仿人眼的轴心轨迹识别实验。其次,依据6.4节介绍的方法计算每一个样本的3项直观特征,求取每一个轴心轨迹样本数据的直观特征向量。然后通过概率神经网络来实现轴心轨迹的自动识别,随机抽取一半的特征向量训练神经网络,再用另一半来检验识别效率,重复上述过程10次并将所有实验结果记录在表6.9中。为了验证直观特征的有效性,分别用BP神经网络[179]、RBF神经网络[180]作为分类器,重复上述实验过程,将实验结果也记录在表6.9中。最后,应用其他3种特征表征轴心轨迹形状,用概率神经网络作为分类器(PNN),分别实现轴心轨迹识别,将实验结果对比记录在表6.10中。所有的试验都采用相同的轴心轨迹样本数据,在相同的环境下在同一台计算机上完成。

表6.9　模仿人眼的轴心轨迹识别方法的试验结果

轴心轨迹	故障状态	准确识别率/%		
		BP	RBF	PNN
椭圆	不平衡	100	100	100
内"8"	油膜涡动	99.2	99.6	99.2
外"8"	不对中	99.6	99.6	100
香蕉	不对中	99.6	99.2	99.6

表6.10　四种不同的轴心轨迹识别方法的对比

方法	平均识别率/%	平均特征提取时间/ms	平均训练时间 /ms	平均识别时间 /ms
直观特征	99.7	52	4.27	25
Walsh	94.7	51	8.07	38
PCNN	93.6	1 185	7.9	34
链码	87.1	38	5.55	28

由表6.9可知,以直观特征表征轴心轨迹形状,以BP神经网络、径向基神经网络(RBF)和概率神经网络(PNN)作为分类器,实现的模仿人眼的轴心轨迹识别方法的平均准确分类率分别为99.6%,99.6%和99.7%,不同的分类方法下,椭圆、内"8"、外"8"和香蕉的平均识别率分别为100%,99.33%,99.73%和99.47%。由此可见,在不同的智能分类方法下,4种轴心轨迹的平均识别率都高达99.6%以上,这充分说明直观特征实现了轴心轨迹的准确表征,给轴心轨迹的识别提供了一个高效的数据基础;4种轴心轨迹平均识别率最低的也高达99.33%,这说明模仿人眼的轴心轨迹识别方法对每一种轴心轨迹都能准确识别,因此,模仿人眼的轴心轨迹识别方法是一种很好的轴心轨迹识别方法。

表6.10记录的是分别以直观特征、Walsh特征、PCNN系列和链码作为特

征表征轴心轨迹时的轴心轨迹识别结果。其中,直观特征的平均识别率为99.7%,其他3种特征最高的平均识别率为94.7%,可见,在平均识别率上,直观特征有着绝对的优势。同时,在特征提取、分类器训练和轴心轨迹识别过程中的时间消耗上,直观特征也是最小的。因此,本节所提出的基于直观特征的模仿人眼的轴心轨迹识别方法是一种有效的轴心轨迹识别新方法,同时取得了识别准确率和识别效率的提升。

6.7　本章小结

轴心轨迹识别是一种重要的旋转机械故障诊断方法,但轴心轨迹图像的特征不易提取,传统基于图像处理的轴心轨迹识别方法普遍存在信息提取不全面、形状表征不准确、特征向量与形状映射关系不明确等问题。针对这些问题,本章提出了轴心轨迹直观特征和一种模仿人眼的轴心轨迹识别方法。

首先,为了模仿人眼识别轴心轨迹中对轴心轨迹形状的准确灵敏把握,定义了宏观拓扑参数(MTP)、全局凹凸程度(GCCD)和边界层次特性(BLF)3项轴心轨迹特征,它们分别从结构、区域和边界3个方面来模仿人眼抓取最直观最有效和对形状有决定作用的相关信息;并为这3项直观特征设计了合理的智能计算方法,关注宏观特征,忽略细节信息,完全模仿人眼的模式来捕捉相关信息,实现对轴心轨迹的全面准确表征,成功模仿人眼对轴心轨迹特征的全面准确把握。

在直观特征的基础上,本章又提出了模仿人眼的轴心轨迹识别方法,它以直观特征为“人眼”,准确灵敏地捕捉对形状表征最有效的信息,然后通过结构、区域和边界3个方面最直观有效的信息的全面集成完成形状的综合准确表征,这就是模仿人眼的轴心轨迹表征;再以神经网络等智能分类方法为“人脑”,实现轴心轨迹的高效智能识别,这就是模仿人眼的轴心轨迹识别。

本章为轴心轨迹设计了一套简单高效的直观特征,这套直观特征直接针对旋转机械常见的轴心轨迹形状而设计,可以全面捕捉对轴心轨迹形状表征最有效的信息,给轴心轨迹的识别提供一个全面有效的数据基础。但是,这些直观特征只能很好地表征最常见的 4 种轴心轨迹,对旋转机械可能出现的其他轴心轨迹:紊乱、梅花形和圆形,未必能起到很好的表征作用。因此,沿直观特征打开的思路,针对旋转机械所有可能出现的轴心轨迹,定义更多的直观特征,以完善直观特征的内容,实现所有轴心轨迹的准确识别也是很有价值的研究。

第 7 章 结论与展望

7.1　研究结论

实时监控机械运行状态,有效提取状态信息,及时发现异常征兆,并依此判断机械故障类别并指导选择应对措施,对保证旋转机械的可靠运行和减少故障损失具有非常重要的意义。旋转机械最常见最主要的故障就是轴系振动故障,然而,一般旋转机械运行环境都比较复杂,其轴系故障同时受多种力的耦合作用影响,动力学机理十分复杂。因此,传统的基于单一类型征兆模式识别的故障诊断方法已很难满足旋转机械轴系故障诊断可靠性的需求,而对基于多元征兆提取的综合诊断尚且缺乏整体系统的研究。

因此,本书从多元征兆提取方法着手,试图建立一种旋转机械多元征兆的特征提取、特征选择、特征组织和综合智能诊断体系。在深入探究先进信号处理理论与方法的基础上,将其应用在旋转机械多元征兆获取中,并针对基于经验模态分解的特征提取方法中的端点效应问题,提出了相应的改进方法;然后,针对所提取的多元征兆信息中包含的大量冗余信息的问题,提出了相应的特征优选措施;为了进一步挖掘特征对故障的表征能力,又提出并改进了相应的特征组织方法。同时,还深入研究图元信息处理的相关理论和方法,提出一种全面有效的轴心轨迹多元征兆提取方法,并通过多元征兆的融合实现了轴心轨迹的全面准确表征和识别。本书的主要研究内容和创新性研究成果如下:

第一,结合本书研究背景和意义,详细论述了旋转机械轴系各类故障的故障机理和征兆表现;系统地对故障诊断中常用信号特征提取与故障模式识别方法的理论基础与研究现状进行了综述,并分析了各种方法的优缺点;针对当前旋转机械故障诊断的发展趋势,提出了基于多元征兆提取的融合智能故障诊断策略,并阐明了其必要性。

第二,论述了旋转机械振动故障信号的非平稳、非线性特点,阐述了时频分析方法的重要作用;概述了经验模态分解的基本理论,分析了端点效应现象对其有效性的影响;针对此问题深入探讨了造成端点效应现象的根本原因,在此基础上提出了一种无失真端点极值化的端点效应抑制方法,运用交叉取样、端点极值化和截头去尾机制,分别从源头上抑制端点效应的产生,从结果上丢弃被端点效应破坏的数据,从而阻止端点效应对信号分析结果的影响。

将该方法与时频特征相结合,从原始故障信号的分解所得的各个本征模态函数中提取信号时频特征集,并将其应用在实际故障的识别诊断中。仿真实验证明,所提方法可以从其本征模态函数中提取更有效的故障征兆,有效完成振动故障信号的处理与识别。

第三,深入研究了旋转机械故障与征兆之间的联系,阐明了特征优选技术在智能故障诊断中的必要性;针对传统故障诊断方法普遍存在的特征量维数过高、冗余信息量大、计算效率不高等问题,提出了一种基于分类树的分层特征选择方法;该方法基于人脑分层分类的思想,以树形分层特征选择的方式来模拟人脑分层分类过程中的特征选择机制,并将所选的特征组成特征向量,用来表征故障样本,进而引入概率神经网络完成自动故障诊断。仿真试验证明,所提方法能够有效模拟人脑分层分类的特征选择机制,实现旋转机械故障特征集的有效优化降维,且具有有效性高、计算耗时少的优点,对旋转机械故障诊断效率的提高具有促进作用。

第四,对基于分类树的分层特征选择方法所得的优化特征子集,将其故障诊断的结果与人脑分层分类所得的结果进行深入对比分析,指出诊断准确率受到限制的原因是传统特征向量不能充分挖掘各个特征项对故障诊断不同的效力。针对传统特征向量在特征组织上不分主次的缺陷,提出了关联特征向量的概念。关联特征向量是在特征加权的基础上提出的一种全新的特征组织模式,它以独特新奇的结构模拟人脑分层分类中的特征组织机制,以不平等的地位去充分挖掘每一项特征对故障诊断的最大贡献,以无效项的设置来屏蔽每一项特征对故障分类可能带来的干扰,以无效项取值的合理设定来放大各项特征对故障分类的贡献,它在充分挖掘每一项特征对不同样本不同表征能力的同时,尽量屏蔽其可能带来的干扰。关联特征向量完美地模拟了人脑分层分类过程中的特征组织机制,突破性地提高了特征向量对故障数据的准确表征能力,为后续故障诊断提供了一个非常有效的数据基础。故障诊断仿真实验和工程实验表明,关联特征向量在继承基于分类树的分层特征选择方法的高效率的基础上,取得了故障诊断准确率的突破。

第五,深入分析关联特征向量的产生机制和其相应的特征提取方法的基础上,发现关联特征向量对存在模式混叠的分类问题并不能取得优秀的分类结果。进一步分析,指出严重限制关联特征向量对混叠模式表征能力的原因,其原因是关联特征向量产生和特征提取过程中对边界的"二值"逻辑处理模式。为了完善关联特征向量的理论,增强其普适性,本书提出了模糊关联特征向量,它将模糊处理技术引入关联特征向量中,优化关联特征向量产生和特征提取中对边界的处理方法,极大地提高了关联特征向量对不同应用环境的健壮性,对故障表征的有效性也有促进作用。仿真实验和滚动轴承故障诊断的结果表明:模糊关联特征向量不仅继承了关联特征向量的各种优势,还具有更加出色的故障表征能力和对混叠模式的适应性。

第六,深入研究了水电机组轴心轨迹的特点,阐明了轴心轨迹自动识别在智能故障诊断中的必要性;针对传统图像识别方法普遍存在的表征能力不足、计算过程复杂、特征量维数过高等问题,提出了轴心轨迹直观特征的概念和一种模仿人眼的轴心轨迹识别方法。本书定义的 3 项轴心轨迹直观特征分别从结构、区域和边界 3 个方面模仿人眼捕捉不同轴心轨迹形状之间最明显的差异,只关注对轴心轨迹宏观形状具有决定性作用的特征,自动屏蔽不太重要的细节信息;然后通过 3 个方面的宏观有效信息的全面集成,完成基于多元信息的轴心轨迹的综合全面表征,给轴心轨迹识别准备了一个非常有效的数据基础。在直观特征的基础上,本书结合智能故障分类方法,提出了一类模仿人眼的轴心轨迹识别方法,它以直观特征为"人眼",完成对轴心轨迹形状的全面准确表征,以智能分类方法为"人脑",完成轴心轨迹的识别。仿真试验证明,模仿人眼的轴心轨迹识别方法能够有效识别出旋转机械最常见的 4 种轴心轨迹的形状,且具有识别精度高、计算耗时少的优点,对旋转机械故障诊断可靠性的提高具有促进作用。

7.2　进一步研究展望

本书针对旋转机械多元征兆综合智能故障诊断开展了系统性的研究,提出了若干适合于旋转机械故障特点的信号分析与征兆提取方法,设计了一种全新的特征组织方式,建立了多元征兆混合决策融合诊断策略,在故障诊断方面取得了一定的理论成果,在工程实际中也取得了一定的效果。然而,在旋转机械故障诊断的庞大理论体系中,这些只是有效的探索,在这个方面,还有很多值得深入研究和发展的关键问题,结合本书研究方向,还需对以下几个问题进行深入的探索和研究:

①旋转机械故障的复杂耦合特性为故障征兆提取及模式识别造成了极大的困难,因此,应对具体耦合故障的动力学演化规律进行更加深入的研究,全面考虑机械各部件的动力学特性,揭示机械各个振源之间的耦合作用机制,从机理上建立故障与征兆间的复杂映射关系,为旋转机械故障诊断提供更加充分的理论依据。

②虽然基于无失真的端点极值化经验模态分解方法很好地抑制了端点效应对有效信号的破坏,保证了分解所得信号的原始性和有效性,但是在基于经验模态分解的故障特征提取中,模态混叠现象仍然是严重影响经验模态分解有效性的一个关键因素,制约了故障特征的准确提取。因此,深入分析模态混叠的产生机制,探讨合理有效的应对办法,进一步提高经验模态分解的有效性,也是非常值得研究的问题。

③本章所提出的基于分类树的分层特征选择方法很好地删除了特征向量中的冗余特征项,可以得到非常优秀的特征子集,保证了特征选择和后续故障

诊断的效率。从宏观的特征选择机制和特征选择效果来看,它是一种全新的优秀的特征选择模式,但是,它对特征子集中每一项特征的搜索模式却不一定是最好的,且局部特征搜索模式会影响特征选择的整体效果。因此,针对基于分类树的分层特征选择方法,探索更加合理的特征搜索策略也会是非常有意义的研究。

④关联特征向量以其新奇的结构模拟了人脑分层分类过程中的特征选择和特征组织机制,实现了诊断准确率上的突破。然而,对混叠模式,关联特征向量却无能为力,后面提出的模糊关联特征向量在一定程度上改善了关联特征向量的这一弱点,却不能从根本上改变这一缺陷。因此,还需要进一步深入分析关联特征向量的分类机制,探索更加合理的边界处理方法,在继承关联特征向量现有优势的同时,增强关联特征向量的普适性。

⑤直观特征直接针对旋转机械常见的轴心轨迹形状而设计,可以全面地捕捉对轴心轨迹形状表征最有效的信息,给轴心轨迹的识别提供一个全面有效的数据基础。但是,这些直观特征只能很好地表征最常见的 4 种轴心轨迹,对旋转机械可能出现的其他轴心轨迹:紊乱、梅花形和圆形,未必能起到很好的表征作用。因此,还需沿着直观特征打开的思路,针对旋转机械所有可能出现的轴心轨迹,定义更多的直观特征,以完善直观特征的内容,实现所有轴心轨迹的准确识别。

参考文献

［1］胡爱军. Hilbert-Huang 变换在旋转机械振动信号分析中的应用研究［D］. 北京:华北电力大学(河北),2008.

［2］沈路. 数学形态学在机械故障诊断中的应用研究［D］. 杭州:浙江大学,2010.

［3］任玲辉,刘凯,张海燕. 基于图像处理技术的机械故障诊断研究进展［J］. 机械设计与研究,2011,27(5):21-24.

［4］中国振动工程学会故障诊断委员会,中国机械工程学会设备维修委员会. 设备故障诊断手册:机械设备状态监测和故障诊断［M］. 西安:西安交通大学出版社,1998.

［5］何正嘉,訾艳阳. 机械设备非平稳信号的故障诊断原理及应用［M］. 北京:高等教育出版社,2001.

［6］付波. 基于弯扭耦合振动与轴心轨迹辨识的水轮发电机组故障诊断研究［D］. 武汉:华中科技大学,2006.

［7］杨叔子,史铁林,丁洪. 机械设备诊断的理论、技术与方法［J］. 振动工程学报,1992,5(3):193-201.

［8］周云燕. 基于图像分析理论的机械故障诊断研究［D］. 武汉:华中科技大学, 2007.

［9］王国彪,何正嘉,陈雪峰,等. 机械故障诊断基础研究"何去何从"［J］. 机械工程学报, 2013, 49(1): 63-72.

［10］苏祖强,汤宝平,姚金宝. 基于敏感特征选择与流形学习维数约简的故障诊断［J］. 振动与冲击, 2014, 33(3): 70-75.

［11］XIANG X Q, ZHOU J Z, AN X L, et al. Fault diagnosis based on Walsh transform and support vector machine［J］. Mechanical Systems and Signal Processing, 2008, 22(7)：1685-1693.

［12］ XIANG X Q, ZHOU J Z, LI C S, et al. Fault diagnosis based on Walsh transform and rough sets［J］. Mechanical Systems and Signal Processing, 2009, 23(4)：1313-1326.

［13］ 陈宏, 冯燕, 韩捷, 等. 旋转机械不对中形式的新分类及其故障诊断研究［J］. 机床与液压, 2010, 38(7)：130-133.

［14］ 张祖德, 王玉强. 旋转机械转子不对中的故障诊断［J］. 特钢技术, 2010, 16(4)：56-59.

［15］ HE Y Y, HUANG J, ZHANG B. Approximate entropy as a nonlinear feature parameter for fault diagnosis in rotating machinery［J］. Measurement Science and Technology, 2012, 23(4)：045603.

［16］ ZHANG J H, MA L A, LIN J W, et al. Dynamic analysis of flexible rotor-ball bearings system with unbalance-misalignment-rubbing coupling faults［J］. Applied Mechanics and Materials, 2011, 105/106/107：448-453.

［17］ VILLA L F, RENONES A, PERAN J R, et al. Statistical fault diagnosis based on vibration analysis for gear test-bench under non-stationary conditions of speed and load［J］. Mechanical Systems and Signal Processing, 2012, 29：436-446.

［18］ LAL M, TIWARI R. Multi-fault identification in simple rotor-bearing-coupling systems based on forced response measurements［J］. Mechanism and Machine Theory, 2012, 51：87-109.

［19］ 李艳妮. 旋转机械故障机理与故障特征提取技术研究［D］. 北京：北京化工大学, 2007.

［20］ 张祖德. 旋转机械转子不平衡的故障诊断［J］. 特钢技术, 2008, 14(4)：49-52.

[21] 楼建忠，杜红文. 大型旋转机械质量不平衡故障的研究[J]. 现代制造工程，2008(10): 23-26.

[22] 安婧红，李树臣. 油膜涡动故障力学分析[J]. 中国设备工程，2004(7): 35-36.

[23] 张新勇，段滋华，张牢牢. 滑动轴承油膜涡动及油膜振荡研究[J]. 太原理工大学学报，2008，39(3): 232-235.

[24] 朱瑜，张朋波，王雪. 转子系统油膜涡动及油膜振荡故障特征分析[J]. 汽轮机技术，2012，54(4): 306-308.

[25] 戈志华，高金吉，王文永. 旋转机械动静碰摩机理研究[J]. 振动工程学报，2003，16(4): 426-429.

[26] 向玲，胡爱军，唐贵基，等. 转子动静碰摩故障仿真与试验研究[J]. 润滑与密封，2005，30(5): 78-80.

[27] FAN C C, SYU J W, PAN M C, et al. Study of start-up vibration response for oil whirl, oil whip and dry whip [J]. Mechanical Systems and Signal Processing, 2011, 25(8): 3102-3115.

[28] WANG B C, REN Z H. Feature analysis of mechanical fault signals based on the wavelet transform technique[J]. Advanced Materials Research, 2010, 139/140/141: 2502-2505.

[29] XIANG L, SUN H. Comparison of methods for time-frequency analysis of oil whip vibration signal[J]. Advanced Materials Research, 2011, 211/212: 983-987.

[30] 万书亭，吴美玲. 基于时域参数趋势分析的滚动轴承故障诊断[J]. 机械工程与自动化，2010(3): 108-110.

[31] 陈珊珊. 时域分析技术在机械设备故障诊断中的应用[J]. 机械传动，2007，31(3): 79-83.

[32] 杨小森，闫维明，陈彦江，等. 基于振动信号统计特征的损伤识别方法

［J］. 公路交通科技, 2013, 30(12)：99-106.

［33］ ZHANG J, XU Y L, XIA Y, et al. A new statistical moment-based structural damage detection method［J］. Structural Engineering and Mechanics, 2008, 30(4)：445-466.

［34］ ZHANG X Y, ZHOU J Z. Multi-fault diagnosis for rolling element bearings based on ensemble empirical mode decomposition and optimized support vector machines［J］. Mechanical Systems and Signal Processing, 2013, 41(1/2)：127-140.

［35］ 安学利. 水力发电机组轴系振动特性及其故障诊断策略［D］. 武汉：华中科技大学, 2009.

［36］ NIENHAUS K, HILBERT M, BALTES R, et al. Statistical and time domain signal analysis of the thermal behaviour of wind turbine drive train components under dynamic operation conditions［J］. Journal of Physics：Conference Series, 2012, 364：012132.

［37］ ZHANG X Y, ZHOU J Z, GUO J, et al. Vibrant fault diagnosis for hydroelectric generator units with a new combination of rough sets and support vector machine［J］. Expert Systems With Applications, 2012, 39(3)：2621-2628.

［38］ 李超顺, 周建中, 肖剑, 等. 基于引力搜索核聚类算法的水电机组振动故障诊断［J］. 中国电机工程学报, 2013, 33(2)：98-104.

［39］ SONG G X, HE Y Y, CHU F L, et al. HYDES：A Web-based hydro turbine fault diagnosis system［J］. Expert Systems With Applications, 2008, 34(1)：764-772.

［40］ EL BADAOUI M, GUILLET F, DANIERE J. New applications of the real cepstrum to gear signals, including definition of a robust fault indicator［J］. Mechanical Systems and Signal Processing, 2004, 18(5)：1031-1046.

[41] 屈梁生, 史东锋. 全息谱十年: 回顾与展望[J]. 振动 测试与诊断, 1998, 18(4): 235-242.

[42] 王宪明. 往复式压缩机多源冲击振动时频故障特征研究[D]. 大庆: 东北石油大学, 2013.

[43] 李萌. 旋转机械轴承故障的特征提取与模式识别方法研究[D]. 长春: 吉林大学, 2008.

[44] 刘文彬, 郭瑜, 郑华文. 基于短时傅里叶变换的油膜振荡故障识别[J]. 中国测试技术, 2008, 34(2): 105-107.

[45] BANERJEE T P, DAS S, ROYCHOUDHURY J, et al. Implementation of a new hybrid methodology for fault signal classification using short-time Fourier transform and support vector machines[C]//CORCHADO E, NOVAIS P, ANALIDE C, et al. Soft Computing Models in Industrial and Environmental Applications, 5th International Workshop (SOCO 2010). Berlin, Heidelberg: Springer, 2010: 219-225.

[46] 胡振邦, 许睦旬, 姜歌东, 等. 基于小波降噪和短时傅里叶变换的主轴突加不平衡非平稳信号分析[J]. 振动与冲击, 2014, 33(5): 20-23.

[47] 乌建中, 陶益. 基于短时傅里叶变换的风机叶片裂纹损伤检测[J]. 中国工程机械学报, 2014, 12(2): 180-183.

[48] 金阳. 加高斯窗的 STFT 对内燃机振声信号的适用性相关研究[D]. 杭州: 浙江大学, 2011.

[49] 蒋平, 贾民平, 许飞云, 等. Wigner-Ville 分布在机械故障诊断中的研究[J]. 制造技术与机床, 2004(7): 24-28.

[50] STASZEWSKI W J, WORDEN K, TOMLINSON G R. Time-frequency analysis in gearbox fault detection using the wigner-ville distribution and pattern recognition[J]. Mechanical Systems and Signal Processing, 1997, 11(5): 673-692.

[51] BAYDAR N, BALL A. A comparative study of acoustic and vibration signals in detection of gear failures using wigner-ville distribution [J]. Mechanical Systems and Signal Processing, 2001, 15(6): 1091-1107.

[52] HOU J J, JIANG W K, LU W B. Application of a near-field acoustic holography-based diagnosis technique in gearbox fault diagnosis [J]. Journal of Vibration and Control, 2013, 19(1): 3-13.

[53] CLIMENTE-ALARCON V, ANTONINO-DAVIU J A, RIERA-GUASP M, et al. Application of the Wigner-Ville distribution for the detection of rotor asymmetries and eccentricity through high-order harmonics [J]. Electric Power Systems Research, 2012, 91: 28-36.

[54] ZHOU Y, CHEN J, DONG G M, et al. Wigner-Ville distribution based on cyclic spectral density and the application in rolling element bearings diagnosis [J]. Proceedings of the Institution of Mechanical Engineers, Part C: Journal of Mechanical Engineering Science, 2011, 225(12): 2831-2847.

[55] FENG Z P, LIANG M, CHU F L. Recent advances in time-frequency analysis methods for machinery fault diagnosis: A review with application examples [J]. Mechanical Systems and Signal Processing, 2013, 38(1): 165-205.

[56] BOUILLAUT L, SIDAHMED M. Cyclostationary approach and bilinear approach: Comparison, applications to early diagnosis for helicopter gearbox and classification method based on hocs [J]. Mechanical Systems and Signal Processing, 2001, 15(5): 923-943.

[57] LI L, QU L S. Cyclic statistics in rolling bearing diagnosis [J]. Journal of Sound and Vibration, 2003, 267(2): 253-265.

[58] LIN J, ZUO M J. Extraction of periodic components for gearbox diagnosis combining wavelet filtering and cyclostationary analysis [J]. Journal of Vibration and Acoustics, 2004, 126(3): 449-451.

［59］丁康，孔正国，何志达. 振动调幅信号的循环平稳解调原理与应用［J］. 振动工程学报，2005，18(3)：304-308.

［60］毕果，陈进，李富才，等. 谱相关密度分析在轴承点蚀故障诊断中的研究［J］. 振动工程学报，2006，19(3)：388-393.

［61］RANDALL R B, ANTONI J, CHOBSAARD S. The relationship between spectral correlation and envelope analysis in the diagnostics of bearing faults and other cyclostationary machine signals［J］. Mechanical Systems and Signal Processing, 2001, 15(5)：945-962.

［62］ANTONIADIS I, GLOSSIOTIS G. Cyclostationary analysis of rolling-element bearing vibration signals［J］. Journal of Sound and Vibration, 2001, 248(5)：829-845.

［63］王锋，屈梁生. 小波—循环谱密度法在旋转机械故障诊断中的应用［J］. 中国设备工程，2002(6)：38-39.

［64］ANTONI J, RANDALL R B. Differential diagnosis of gear and bearing faults［J］. Journal of Vibration and Acoustics, 2002, 124(2)：165-171.

［65］ANTONI J, BONNARDOT F, RAAD A, et al. Cyclostationary modelling of rotating machine vibration signals［J］. Mechanical Systems and Signal Processing, 2004, 18(6)：1285-1314.

［66］AL-BADOUR F, SUNAR M, CHEDED L. Vibration analysis of rotating machinery using time-frequency analysis and wavelet techniques［J］. Mechanical Systems and Signal Processing, 2011, 25(6)：2083-2101.

［67］LOU X S, LOPARO K A. Bearing fault diagnosis based on wavelet transform and fuzzy inference［J］. Mechanical Systems and Signal Processing, 2004, 18(5)：1077-1095.

［68］CHANDEL A, PATEL R. Bearing fault classification based on wavelet transform and artificial neural network［J］. IETE Journal of Research, 2013,

59(3)：219.

[69] ZHANG Z Y, WANG Y, WANG K S. Intelligent fault diagnosis and prognosis approach for rotating machinery integrating wavelet transform, principal component analysis, and artificial neural networks[J]. The International Journal of Advanced Manufacturing Technology, 2013, 68(1)：763-773.

[70] 胡静涛, 郭前进. 基于线调频小波变换的旋转机械故障诊断[J]. 仪器仪表学报, 2006, 27(S1)：395-398.

[71] LIAO W, WANG Z T, HAN P. Application of wavelet packet and data-driven in fault diagnosis for hydropower units[C]//2009 IITA International Conference on Services Science, Management and Engineering. Zhangjiajie, China. IEEE, 2009：178-181.

[72] HE Y Y, WU Y E. Combining whitening filter and wavelet transform to denoise cavitation noise for cavitation state monitoring[J]. Insight - Non-Destructive Testing and Condition Monitoring, 2011, 53(4)：205-213.

[73] HE Y Y, LIU Y. Experimental research into time-frequency characteristics of cavitation noise using wavelet scalogram[J]. Applied Acoustics, 2011, 72(10)：721-731.

[74] LIU S Y, WANG S Q. Modified wavelet transformation algorithms and its application in multi-sensor data fusion[C]//2008 7th World Congress on Intelligent Control and Automation. Chongqing. IEEE, 2008：4986-4989.

[75] 程宝清, 韩凤琴, 桂中华. 基于小波的灰色预测理论在水电机组故障预测中的应用[J]. 电网技术, 2005, 29(13)：40-44.

[76] 何正嘉, 李富才, 杜远, 等. 小波技术在机械监测诊断领域的应用现状与进展[J]. 西安交通大学学报, 2001, 35(5)：540-545.

[77] PENG Z K, CHU F L. Application of the wavelet transform in machine condition monitoring and fault diagnostics：A review with bibliography[J].

Mechanical Systems and Signal Processing, 2004, 18(2): 199-221.

[78] 钟佑明,秦树人,汤宝平. 一种振动信号新变换法的研究[J]. 振动工程学报, 2002, 15(2): 233-238.

[79] 于德介,程军圣,杨宇. 基于 EMD 和 AR 模型的滚动轴承故障诊断方法[J]. 振动工程学报, 2004, 17(3): 332-335.

[80] 马孝江,余泊,张志新,等. 一种新的时频分析方法—局域波法[C] //2000年全国振动(诊断、模态、噪声)技术及工程应用学术会议论文集,南京:南京航空航天大学,2000:219-224.

[81] QIANG G, HAIYONG Z, XIAO J M. The partial wave method for nalysis of non-stationary signals and its use in mechine fault diagnosis[C]. 第四届国际测试会议, 2001, 2: 1465-1468.

[82] LIU B, RIEMENSCHNEIDER S, XU Y. Gearbox fault diagnosis using empirical mode decomposition and Hilbert spectrum[J]. Mechanical Systems and Signal Processing, 2006, 20(3): 718-734.

[83] XIONG X, YANG S X, GAN C B. A new procedure for extracting fault feature of multi-frequency signal from rotating machinery[J]. Mechanical Systems and Signal Processing, 2012, 32: 306-319.

[84] DYBALA J, ZIMROZ R. Rolling bearing diagnosing method based on Empirical Mode Decomposition of machine vibration signal[J]. Applied Acoustics, 2014, 77: 195-203.

[85] TSAO W C, LI Y F, DU LE D, et al. An insight concept to select appropriate IMFs for envelope analysis of bearing fault diagnosis[J]. Measurement, 2012, 45(6): 1489-1498.

[86] LI Z X, YAN X P, TIAN Z, et al. Blind vibration component separation and nonlinear feature extraction applied to the nonstationary vibration signals for the gearbox multi-fault diagnosis[J]. Measurement, 2013, 46(1): 259-271.

［87］ TANG B P, DONG S J, SONG T. Method for eliminating mode mixing of empirical mode decomposition based on the revised blind source separation ［J］. Signal Processing, 2012, 92(1): 248-258.

［88］ DU X F, LI Z J, BI F R, et al. Source separation of diesel engine vibration based on the empirical mode decomposition and independent component analysis［J］. Chinese Journal of Mechanical Engineering, 2012, 25(3): 557-563.

［89］ WU T Y, CHEN J C, WANG C C. Characterization of gear faults in variable rotating speed using Hilbert-Huang Transform and instantaneous dimensionless frequency normalization ［J］. Mechanical Systems and Signal Processing, 2012, 30: 103-122.

［90］ PAREY A, PACHORI R B. Variable cosine windowing of intrinsic mode functions: Application to gear fault diagnosis［J］. Measurement, 2012, 45 (3): 415-426.

［91］ 邓拥军, 王伟, 钱成春, 等. EMD 方法及 Hilbert 变换中边界问题的处理 ［J］. 科学通报, 2001, 46(3): 257-263.

［92］ 张郁山, 梁建文, 胡聿贤. 应用自回归模型处理 EMD 方法中的边界问题 ［J］. 自然科学进展, 2003, 13(10): 1054-1059.

［93］ 黄大吉, 赵进平, 苏纪兰. 希尔伯特-黄变换的端点延拓［J］. 海洋学报, 2003, 25(1): 1-11.

［94］ WU Z H, HUANG N E. Ensemble empirical mode decomposition: A noise-assisted data analysis method［J］. Advances in Adaptive Data Analysis, 2009, 1(1): 1-41.

［95］ 翁桂荣, 薛峰. 几种特征描述方法在轴心轨迹识别中的应用［J］. 振动、测试与诊断, 2007, 27(4): 295-299.

［96］ 江志农, 李艳妮. 旋转机械轴心轨迹特征提取技术研究［J］. 振动、测试

与诊断, 2007, 27(2): 98-101.

[97] WANG C Q, ZHOU J Z, KOU P G, et al. Identification of shaft orbit for hydraulic generator unit using chain code and probability neural network[J]. Applied Soft Computing, 2012, 12(1): 423-429.

[98] WANG C Q, ZHOU J Z, QIN H, et al. Fault diagnosis based on pulse coupled neural network and probability neural network[J]. Expert Systems With Applications, 2011, 38(11): 14307-14313.

[99] LIU Y K, GUO L W, WANG Q X, et al. Application to induction motor faults diagnosis of the amplitude recovery method combined with FFT[J]. Mechanical Systems and Signal Processing, 2010, 24(8): 2961-2971.

[100] RAI V K, MOHANTY A R. Bearing fault diagnosis using FFT of intrinsic mode functions in Hilbert-Huang transform[J]. Mechanical Systems and Signal Processing, 2007, 21(6): 2607-2615.

[101] 申抶, 黄树红, 韩守木, 等. 旋转机械轴心轨迹信号的复数小波分析 [J]. 振动、测试与诊断, 2000, 20(4): 264-268.

[102] WANG Z B, MA Y D, CHENG F Y, et al. Review of pulse-coupled neural networks[J]. Image and Vision Computing, 2010, 28(1): 5-13.

[103] FU B, ZHOU J Z, CHEN W Q, et al. Identification of the shaft orbits for turbine rotor by modified Fourier descriptors[C]//Proceedings of 2004 International Conference on Machine Learning and Cybernetics (IEEE Cat. No. 04EX826). Shanghai, China. IEEE, 2005: 1162-1167.

[104] 郭鹏程, 罗兴锜, 王勇劲, 等. 基于粒子群算法与改进 BP 神经网络的水电机组轴心轨迹识别[J]. 中国电机工程学报, 2011, 31(8): 93-97.

[105] 张征凯, 薛松, 张优云. 基于特征参数的旋转机械智能故障诊断方法 [J]. 振动、测试与诊断, 2009, 29(3): 256-260.

[106] 王娟, 慈林林, 姚康泽. 特征选择方法综述[J]. 计算机工程与科学,

2005, 27(12): 68-71.

[107] 毛勇, 周晓波, 夏铮, 等. 特征选择算法研究综述[J]. 模式识别与人工智能, 2005, 27(12): 211-216.

[108] CHEN X W. An improved branch and bound algorithm for feature selection [J]. Pattern Recognition Letters, 2003, 24(12): 1925-1933.

[109] TSYMBAL A, PUURONEN S, PATTERSON D W. Ensemble feature selection with the simple Bayesian classification[J]. Information Fusion, 2003, 4(2): 87-100.

[110] PUDIL P, NOVOVIČOVÁ J, KITTLER J. Floating search methods in feature selection [J]. Pattern Recognition Letters, 1994, 15 (11): 1119-1125.

[111] HAERING N, DA VITORIA LOBO N. Features and classification methods to locate deciduous trees in images [J]. Computer Vision and Image Understanding, 1999, 75(1/2): 133-149.

[112] HSU W H. Genetic wrappers for feature selection in decision tree induction and variable ordering in Bayesian network structure learning[J]. Information Sciences, 2004, 163(1/2/3): 103-122.

[113] FUJAREWICZ K, WIENCH M. Selecting differentially expressed genes for colon tumor classification[J]. International Journal of Applied Mathematics and Computer Science, 2003, 13: 327-335.

[114] 陈卫钢, 周建中, 常黎. 基于专家系统的水电机组振动故障诊断研究 [J]. 华中科技大学学报(自然科学版), 2002, 30(6): 102-104.

[115] 邓正鹏, 韦彩新, 刘利娜, 等. 水电机组故障诊断专家系统中知识库的设计[J]. 华中科技大学学报(自然科学版), 2003, 31(9): 4-5.

[116] AUGUTIS J, VOLSKIENE J S, USPURAS E, et al. Risk analysis of the Kaunas hydropower system[J]. Management Information Systems, 2004, 9:

553-561.

[117]ZHAO W G, WANG L Y. SVM Multi-class Classification based on Binary Tree for Fault Diagnosis of Hydropower units [J]. Information-an international interdisciplinary journal, 2012, 15(11A): 4615-4620.

[118] PAPADOPOULOS Y. Model-based system monitoring and diagnosis of failures using statecharts and fault trees [J]. Reliability Engineering & System Safety, 2003, 81(3): 325-341.

[119] SUN W X, CHEN J, LI J Q. Decision tree and PCA-based fault diagnosis of rotating machinery[J]. Mechanical Systems and Signal Processing, 2007, 21(3): 1300-1317.

[120] TRAN V T, YANG B S, OH M S, et al. Fault diagnosis of induction motor based on decision trees and adaptive neuro-fuzzy inference [J]. Expert Systems With Applications, 2009, 36(2): 1840-1849.

[121] 陈慧灵. 面向智能决策问题的机器学习方法研究[D]. 长春: 吉林大学, 2012.

[122] WANG H Q, CHEN P. Intelligent diagnosis method for rolling element bearing faults using possibility theory and neural network[J]. Computers & Industrial Engineering, 2011, 60(4): 511-518.

[123] WANG H Q, CHEN P. Intelligent diagnosis method for rolling element bearing faults using possibility theory and neural network[J]. Computers & Industrial Engineering, 2011, 60(4): 511-518.

[124] BARAKAT M, DRUAUX F, LEFEBVRE D, et al. Self adaptive growing neural network classifier for faults detection and diagnosis [J]. Neurocomputing, 2011, 74(18): 3865-3876.

[125] ZHAO N B, LI S Y, YI S A, et al. Fault diagnosis based on rough set and BP neural network (RS-BP) for gas turbine engine[J]. Advanced Materials

Research, 2013, 732/733: 397-401.

[126] SEERA M, LIM C P, ISHAK D, et al. Application of the fuzzy Min-max neural network to fault detection and diagnosis of induction motors[J]. Neural Computing and Applications, 2013, 23(1): 191-200.

[127] QIAO Y, QIU X S, CHENG L, et al. Active Probing Based Method for Fault Diagnosis Using Bayesian Network[J]. Wireless Communication over ZigBee for Automotive Inclination Measurement, China communications, 2011, 8(7): 1-11.

[128] LI Q, LI Z B, ZHANG Q. Research of power transformer fault diagnosis system based on rough sets and Bayesian networks[J]. Advanced Materials Research, 2011, 320: 524-529.

[129] JIN S, LIU Y H, LIN Z Q. A Bayesian network approach for fixture fault diagnosis in launch of the assembly process[J]. International Journal of Production Research, 2012, 50(23): 6655-6666.

[130] YU J E, RASHID M M. A novel dynamic Bayesian network-based networked process monitoring approach for fault detection, propagation identification, and root cause diagnosis[J]. AIChE Journal, 2013, 59(7): 2348-2365.

[131] HONG Z X, BAO Z Y, JUN Y, et al. Application of Support Vector Machine on Fault Diagnosis for Water Distribution System[J]. Disaster Advances, 2012, 5(4): 811-815.

[132] KUMAR H, KUMAR T, AMARNATH M, et al. Fault diagnosis of antifriction bearings through sound signals using support vector machine[J]. Journal of Vibroengineering, 2012, 14(4): 1601-1606.

[133] BANSAL S, SAHOO S, TIWARI R, et al. Multiclass fault diagnosis in gears using support vector machine algorithms based on frequency domain data[J]. Measurement, 2013, 46(9): 3469-3481.

[134] CHEN F F, TANG B P, CHEN R X. A novel fault diagnosis model for gearbox based on wavelet support vector machine with immune genetic algorithm[J]. Measurement, 2013, 46(1): 220-232.

[135] YANG Q Y, ZHANG D, ZHUANG J, et al. Fault diagnosis method using support vector machine with improved complex system genetic algorithm[J]. Journal of Vibroengineering, 2013, 15: 1147-1156.

[136] WANG G F, LIU C, CUI Y H. Clustering diagnosis of rolling element bearing fault based on integrated Autoregressive/Autoregressive Conditional Heteroscedasticity model[J]. Journal of Sound and Vibration, 2012, 331 (19): 4379-4387.

[137] DAS N, ROY P, RAHAMAN H. Built-in-self-test technique for diagnosis of delay faults in cluster-based field programmable gate arrays [J]. IET Computers & Digital Techniques, 2013, 7(5): 210-220.

[138] ZHANG A P, REN G A, JIA B Z, et al. Fault diagnosis method for marine engine system combined with multiple clusters using label propagation[J]. Advanced Materials Research, 2013, 694/695/696/697: 1301-1305.

[139] SHAO R P, LI J, HU W T, et al. Multi-fault clustering and diagnosis of gear system mined by spectrum entropy clustering based on higher order cumulants[J]. Review of Scientific Instruments, 2013, 84(2): 025107.

[140] STARK T. Instantaneous frequency spectra[J]. The Leading Edge, 2015, DOI:10.1190/tle34010072.1.

[141] 胡劲松. 面向旋转机械故障诊断的经验模态分解视频分析方法及实验研究[D]. 杭州:浙江大学,2003.

[142] HUANG N E, SHEN Z, LONG S R, et al. The empirical mode decomposition and the Hilbert spectrum for nonlinear and non-stationary time series analysis[J]. Proceedings of the Royal Society of London Series A:

Mathematical, Physical and Engineering Sciences, 1998, 454 (1971):
903-995.

[143] 余磊, 刘泉. 经验模态分解中端点效应的抑制[J]. 武汉理工大学学报,
2010, 32(10): 151-154.

[144] 胡劲松, 杨世锡. EMD 方法基于 AR 模型预测的数据延拓与应用[J].
振动、测试与诊断, 2007, 27(2): 116-120.

[145] 胡劲松, 杨世锡. EMD 方法基于径向基神经网络预测的数据延拓与应用
[J]. 机械强度, 2007, 29(6): 894-899.

[146] 韩建平, 钱炯, 董小军. 采用镜像延拓和 RBF 神经网络处理 EMD 中端
点效应[J]. 振动、测试与诊断, 2010, 30(4): 414-417.

[147] 赵娜. HHT 经验模式分解的周期延拓方法[J]. 计算机仿真, 2008, 25
(12):346-350.

[148] XIAO H, ZHOU J Z, XIAO J, et al. Fault diagnosis for rotating machinery
based on multi-differential empirical mode decomposition [J]. Journal of
Vibroengineering, 2014, 16: 487-498.

[149] 肖汉, 周建中, 肖剑, 等. 滑动轴承-转子系统不平衡-不对中-碰摩耦合
故障动力学建模及响应信号分解[J]. 振动与冲击, 2013, 32(23):
159-165.

[150] ZHANG X Y, ZHOU J Z, WANG C Q, et al. Multi-class support vector
machine optimized by inter-cluster distance and self-adaptive deferential
evolution [J]. Applied Mathematics and Computation, 2012, 218 (9):
4973-4987.

[151] 毛勇, 周晓波, 夏铮, 等. 特征选择算法研究综述[J]. 模式识别与人工
智能, 2007, 20(2): 211-218.

[152] CHEN X Y, ZHOU J Z, XU X M, et al. A hierarchical feature selection
method based on classification tree for HGU fault diagnosis [J]. Advanced

Materials Research, 2014, 1037: 398-403.

[153] NARENDRA, FUKUNAGA. A branch and bound algorithm for feature subset selection[J]. IEEE Transactions on Computers, 1977, C-26(9): 917-922.

[154] TSYMBAL A, PUURONEN S. Ensemble feature selection with the simple Bayesian classification in medical diagnostics [C]//Proceedings of 15th IEEE Symposium on Computer-Based Medical Systems (CBMS 2002). Maribor, Slovenia. IEEE, 2002: 225-230.

[155] FURLANELLO C, SERAFINI M, MERLER S, et al. An accelerated procedure for recursive feature ranking on microarray data [J]. Neural Networks, 2003, 16(5/6): 641-648.

[156] BLUM A L, LANGLEY P. Selection of relevant features and examples in machine learning[J]. Artificial Intelligence, 1997, 97(1/2): 245-271.

[157] HUA J P, TEMBE W D, DOUGHERTY E R. Performance of feature-selection methods in the classification of high-dimension data[J]. Pattern Recognition, 2009, 42(3): 409-424.

[158] 张江, 蒋兴舟, 陈喜. 基于方位起伏方差的目标识别方法[J]. 海军工程大学学报, 2005, 17(3): 91-96.

[159] 普运伟, 金炜东, 朱明, 等. 核空间中的 Xie-Beni 指标及其性能[J]. 控制与决策, 2007, 22(7): 829-832.

[160] CHEN X Y, ZHOU J Z, XIAO J, et al. Fault diagnosis based on dependent feature vector and probability neural network for rolling element bearings[J]. Applied Mathematics and Computation, 2014, 247: 835-847.

[161] RONG J, GE H. Hydroelectric generating unit vibration fault diagnosis via BP neural network based on particle swarm optimization [C]//2009 International Conference on Sustainable Power Generation and Supply. Nanjing, China. IEEE, 2009: 1-4.

［162］ CHEN X Y, ZHOU J Z, XIAO H, et al. Fault diagnosis based on comprehensive geometric characteristic and probability neural network［J］. Applied Mathematics and Computation, 2014, 230: 542-554.

［163］李洁, 高新波, 焦李成. 基于特征加权的模糊聚类新算法［J］. 电子学报, 2006, 34(1): 89-92.

［164］黄新波, 李佳杰, 欧阳丽莎, 等. 采用模糊逻辑理论的覆冰厚度预测模型［J］. 高电压技术, 2011, 37(5): 1245-1252.

［165］席爱民. 模糊控制技术［M］. 西安: 西安电子科技大学出版社, 2008.

［166］王立新. 模糊系统与模糊控制教程［M］. 王迎军, 译. 北京: 清华大学出版社, 2003.

［167］唐浩, 廖与禾, 孙峰, 等. 具有模糊隶属度的模糊支持向量机算法［J］. 西安交通大学学报, 2009, 43(7): 40-43.

［168］赵林度, 盛昭瀚, 张静. 汽轮发电机组轴心轨迹自动识别系统的开发［J］. 汽轮机技术, 1997, 39(6): 329-332.

［169］ZHOU J Z, XIAO H, LI C S, et al. Shaft orbit identification for rotating machinery based on statistical fuzzy vector chain code and support vector machine［J］. Journal of Vibroengineering, 2014, 16: 713-724.

［170］HADAD K, POURAHMADI M, MAJIDI-MARAGHI H. Fault diagnosis and classification based on wavelet transform and neural network［J］. Progress in Nuclear Energy, 2011, 53(1): 41-47.

［171］ KUNTTU I, LEPISTOL, RAUHAMAA J, et al. Multiscale Fourier descriptors for defect image retrieval［J］. Pattern Recognition Letters, 2006, 27(2): 123-132.

［172］XIAO H, ZHOU J Z, XIAO J A, et al. Identification of vibration – speed curve for hydroelectric generator unit using statistical fuzzy vector chain code and support vector machine［J］. Proceedings of the Institution of Mechanical

Engineers, Part O: Journal of Risk and Reliability, 2014, 228 (3): 291-300.

[173] 许飞云, 钟秉林, 黄仁. 轴心轨迹自动识别及其在旋机诊断中的应用 [J]. 振动、测试与诊断, 2009, 29(2): 141-145.

[174] 万书亭, 李永刚, 李和明. 基于不变矩特征和新型关联度的轴心轨迹形状自动识别[J]. 热能动力工程, 2005, 20(3): 239-241.

[175] 许飞云, 钟秉林, 黄仁. 轴心轨迹自动识别及其在旋机诊断中的应用 [J]. 振动、测试与诊断, 2009, 29(2): 141-145.

[176] 林小竹, 沙芸, 籍俊伟, 等. 计算二维图像欧拉数的新公式[J]. 微电子学与计算机, 2005, 22(11): 158-161.

[177] 陈亚婷, 严泰来, 朱德海. 基于辛普森面积的多边形凹凸性识别算法 [J]. 地理与地理信息科学, 2010, 26(6): 28-30.

[178] 张便利, 常胜江, 李江卫, 等. 基于彩色直方图分析的智能视频监控系统[J]. 物理学报, 2006, 55(12): 6399-6404.

[179] 时建峰, 程珩, 许征程, 等. 小波包与改进 BP 神经网络相结合的齿轮箱故障识别[J]. 振动、测试与诊断, 2009, 29(3): 321-324.

[180] 李方溪, 陈桂明, 朱露, 等. 基于经验模态分解与 RBF 神经网络的混合预测[J]. 振动、测试与诊断, 2012, 32(5): 817-822.